はまると深い！ 数学クイズ

力を磨く

希　著

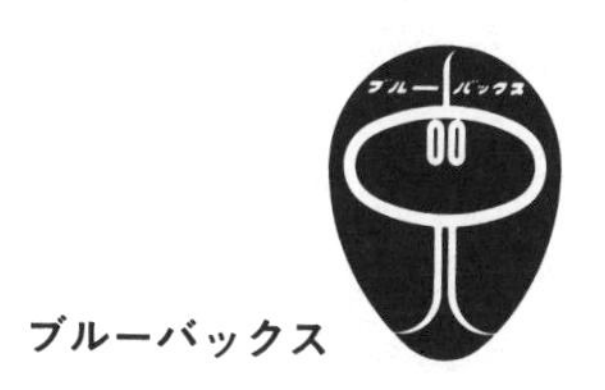

イラストレーション・本文デザイン／浅妻健司
装幀／芦澤泰偉・児崎雅淑

まえがき

「算数や数学を1分でも長く、そして楽しく学べる機会を増やしたい」

筆者はこれまで10年以上、この想いを持って活動をしてきました。

ほとんどの方が、できることならば算数や数学を楽しいと感じ、そして好きでいたいと思っていることでしょう。ですが、大人になると授業で数学を学ぶことはなくなり、いざ自習をしようとしても時間もなかなかとれない、意識的にふれようとしないかぎり算数や数学の世界から離れてしまうのが実際のところです。

ここ10年で、数学への注目は年々高くなりつつあります。「学びなおし」「リカレント教育」などの言葉にもあるように、数学を大人になってからも学びたい、という方も増えてきています。これは、AI技術の発展をはじめとした「Society5.0」の時代も相まって、数学が世の中で重要な存在になっていることが背景として挙げられます。ですが、それだけでなく「ただ純粋に数学を学びたい」「数学の魅力にふれてみたい」という「学びに向き合うことへの価値観の変化」も背景の1つにあるとも感じています。

筆者はこの、人間のいわば心から湧き出てくる気持ち、「数学への好奇心」に応（こた）えられるような「数学の話題」を届けることを目標の1つとしており、本書もそういった想いで書かせていただきました。

本書は、ブルーバックスのWEBでの連載「覚えて帰ろう〈雑学数学〉」をもとに、それぞれの話題をクイズ形式にし、さらに書籍ならではの数学の奥深さへと踏み込んだ内容の本となります。

楽しい問題をのんびり考えながら、たんに問題を解くだけではなく、その奥に隠された数学の不思議さや先人の数学者たちの思いもよらないヒラメキが伝わるようにと構成しています。

本書をとおして、数学の魅力にふれる機会になることを願っています。

第2章 日常に潜む“数学”

第4章 数学の歴史的な問題 185

第1章

感覚を裏切る“数学”

Q1

円にまつわる不思議

6本の缶をなるべく短いロープで結ぶとしたら、どのような結び方がよいでしょうか。

解答編

6本の缶があります。この缶の並び方を変えて“最短のロープ”で束ねるためには、缶をどのように並べればいいでしょうか？　というのが、この問題文の意味です。

少し考えてみて下さい。

実際に6本の缶の周りに線を引いて考えてみましょう。要素を分解してみると円に接している部分と円と円の間をつないでいる部分に分類することができます。

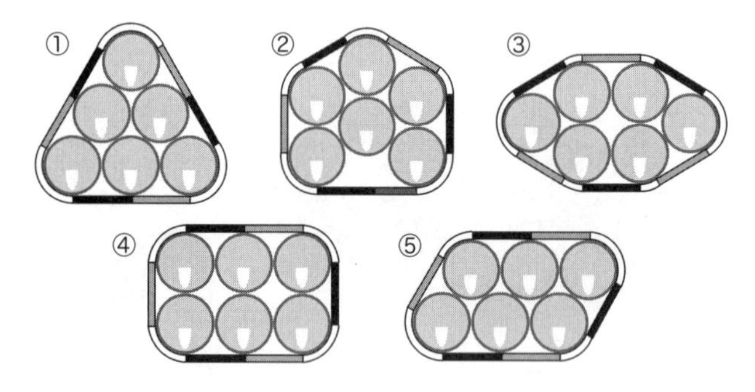

缶の直径をR、一周をπRとして長さを求めてみましょう。

おもしろいことに、円に接している部分の長さの合計は、上図の5種類の結び方ともに同じ長さで、ちょうど円1周分の長さπRになります。円に接していない部分の長さ、つまり直線の部分を比べれば、それぞれの使用しているロープの長さを求めることができるわけです。

円と円の間の直線は、ちょうど円の直径と同じ長さ。つまり、左上の結び方の場合は直線部分は$6R$、円に接している部分はπRとなるので、合計は$(6+\pi)R$となります。

このように調べていくと、②以外の結び方は同じく$(6+\pi)R$となります。

それに対して②の束ね方は、下側の部分が直径2つ分よりも少しだけ短くなり、長さの合計は$(4+\sqrt{3}+\pi)R$となります。

5個の束ね方のうち、1つだけロープの長さを節約することが可能なわけです。ほかの4つの束ね方が同じ長さになるというのも、不思議に感じられませんか？

答えは意外に隙間のあるこれなんです！

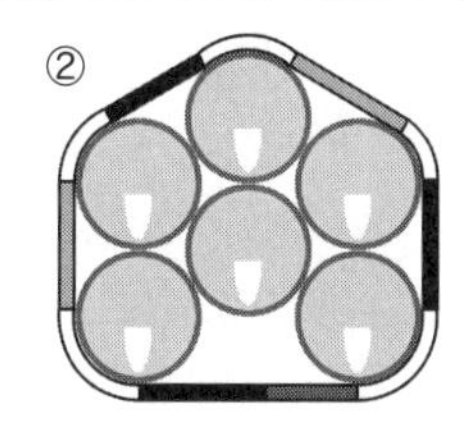

発展編　地球1周をロープで結んだら

円とロープを使ったおもしろい問題をもう1つ。

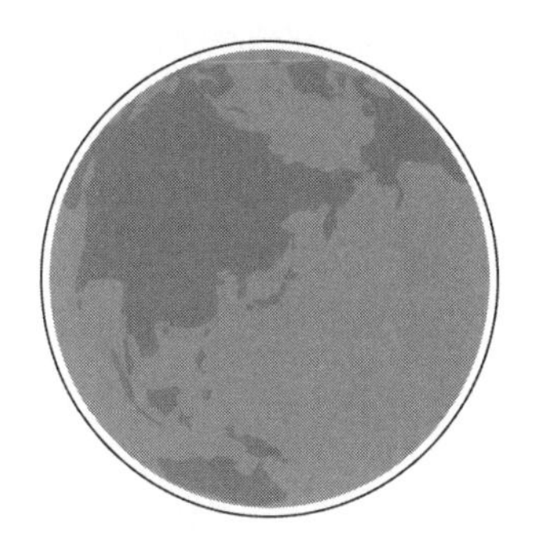

いま、地球にぴったりくっついたまま1周するようにロープを巻きます（ここでは地球はでこぼこがないきれいな球体とします）。ここで、地表から1mだけロープが浮くように、ロープの長さを追加することに

します。どれだけの長さのロープを追加すればよいでしょうか。

地球の1周の長さは約40075000 mとして、実際に計算してみてください。

この問題の計算自体はそこまで複雑ではありません。ようするに、地球よりも半径が1 m大きい円の円周を考えればよいのです。

地球の半径は 円周÷円周率÷2 $(= 40075000 \div \pi \div 2)$ で求められます。この半径よりも1 m大きくすればよいので、1 m浮かせたロープで作る円の半径は、$(40075000 \div \pi \div 2) + 1$ mとなります。

これでまた1周の長さを計算して、地球1周との差を計算すればよいのです。

ロープ1周の長さ

$$= (40075000 \div \pi \div 2 + 1) \times 2 \times \pi$$

地球1周との差分

$$= (40075000 \div \pi \div 2 + 1) \times 2 \times \pi - 40075000$$
$$= 2\pi$$

となります。よって差は2π m、つまり約6.28 m追加すればよいことになります。

たった6.28 mで地球1周すべての場所に1 mの隙間を作ることができる、という不思議なことが起きています。地球の1周40075000 mと比べると、とても少なく感じます。

また、もう少し踏み込んで考察してみると、計算過程で地球の半径の値が打ち消し合って消えているということがわかります。これは何を意味しているのでしょうか。実はなんと、地球だけでなくあらゆる円形のもので同様の問題を考えても、導かれる答えが同じになるのです。

円周がx mの球で考えてみると、以下のような計算になります。

$$\text{計算式} = (x \div \pi \div 2 + 1) \times 2 \times \pi - x = 2\pi$$

というわけです。つまり、サッカーボールのような地球よりも圧倒的に小さい球でも、1 m浮かすためには同じくロープが6.28 m必要なのです。ぜひ、この不思議な結果は実際に試して体験してみてほしいです。

Q2

偶然!?　の確率

５人組のアイドルグループには、必ず同じ血液型の人が２人以上いる！　は正しいのか？

解答編

5人いると必ず同じ血液型の人がいる！

実は、「5人いると同じ血液型の人が必ず2人以上いる」という法則があります!?

活動休止している大人気グループ嵐の5人。血液型を調べてみると、相葉君のみAB型で、ほかのメンバーは全員A型です！　この問題文は成立していますね！

嵐だけでなく5人いればいいので、ほかにも解散したSMAPやザ・ドリフターズなど、そしてたまたま食事に行ったときに5人いれば、その5人でも成り立つ話なのです。

この話がどういった数学にかかわる話なのか説明する前に、この現象の名前を紹介しましょう。その名も「鳩ノ巣(はとのす)原理」です。

名前だけではピンとこない原理ですし、知らない方もいるはずです。中学数学、高校数学ではしっかりと名前を明記されたうえで使われることがない原理なので、それは普通のことかもしれません。

さて、鳩ノ巣原理はどういった原理かというと、「n個の巣と$n+1$羽の鳩がいて、すべての鳩がいずれかの巣に入ったとしたとき、必ず1つ以上の巣には2羽以上の鳩がいることになる」というものです。

具体例として4個の巣に5羽の鳩が入ったとしたら、以下のようにどこかの巣には2羽以上入ることになることが一目瞭然です。

この原理を嵐の血液型で考えるとどうなるでしょう。

血液型はA型、B型、O型、AB型の4種類で、嵐のメンバーの人数は5人です。つまり、先ほどの例と同じように「血液型が4種に対して5人のメンバーがいるのでどれかの血液型には2人以上いる」ことがいえるのです。

冒頭に紹介したように、嵐のメンバーは相葉君のみAB型で、ほかのメンバーは全員A型です。血液型の偏りを感じつつも、原理通りの結果となっていました。

これがもし4人のみの場合、それぞれがA型、B型、O型、AB型というケースがあり得る、ということです。

実際には、グループ内でどのように血液型が分布しているのでしょうか。そこで多くのアイドルグループをはじめとした4人組と5人組の血液型について調べてみました。

その結果、4人組でA型、B型、O型、AB型とばらけているケースは見つけることができませんでした。5人組でもA型、B型、O型、AB型と4種類の血液型のメンバーがいるというケースは1例のみ（リップスライムが各血液型１人ずつに、血液型非公開の組み合わせでした）しか見つけることができませんでした。

どうやら、鳩が偏りなくバラバラの巣に収まるケースのほうが少ないようです。

実は、仮にすべての血液型が同じ割合で存在し、メンバーの組まれ方が完全にランダムだとした場合でも、４人組で綺麗に4種類の血液型となることのほうが珍しくなります。その確率は、

$$\frac{4!}{4^4}=\frac{4\times3\times2\times1}{4\times4\times4\times4}=\frac{24}{256}=\frac{3}{32}$$

となります。非常に少ないことがわかります（「!」は階乗を示す記号。つまりこの確率を出す式は、「4の階乗÷4の4乗」です）。

話を戻すと、この鳩ノ巣原理を使って、血液型にとどまらず、以下のような話をすることができます。

・ある場に５人以上いるとき、同じ血液型の人が必ず２人以上いる
・ある場に13人以上いるとき、同じ星座の人が必ず２人以上いる
・ある場に13人以上いるとき、同じ誕生月の人が必ず2人以上いる
・ある場に32人以上いるとき、同じ日生まれ（月を除く日のみ）の人が必ず２人以上いる
・ある場に20万人以上いるとき、同じ髪の毛の本数の人が必ず２人以上いる

最後の1つについて補足しましょう。髪の毛の本数は多くても15万本程度と言われているので、それよりも多い数の人数がいれば「同じ本数の人がいる」ということになります。

言うまでもなく、実際に誰と誰が同じ本数なのかを確かめることは難しいでしょう。1人1人の髪の毛の本数を数えること自体が難しいし、それを10万人を超える人数で調査するというのも現実的ではありません。

そんな調査をしなくても、「同じ本数の人がいる」と断言できるのが、この鳩ノ巣原理の便利なところなのです。

発展編 30人いれば3分の2以上の確率で同じ誕生日がいる

さて続いては、「鳩ノ巣原理」のように「必ず」とまではいかなくとも、「直感よりも明らかにその事象が起きる確率が高くなる」事象の話をご紹介します。

「誕生日のパラドックス」と呼ばれる、確率の不思議な話として有名な話です。

このパラドックスは、その名前の通り誕生日に関する直感から反する話で、以下のようなものです。

・23人いるとき、その中に同じ誕生日の人がいる確率は50％以上となる

誕生日はうるう年にある2月29日も含めると366種類あ

ります。同じ誕生日の人がいる確率が半分以上になるには、その366種類の半分の183人が必要なのでしょうか。

そうではありません。むしろ、その約8分の1の23人ですむのです。

さらに、この例を出せば驚くと思いますが、30人いれば3分の2以上の確率で、そして50人いれば95％以上の確率で、同じ誕生日の人がいることになるのです！

なぜこんな確率になるのでしょうか。少し数学的に見ていきましょう。

2月29日も含めて、すべての誕生日が同じ分布で存在すると仮定したうえで計算していきます。人数が増えると誕生日が「重なる確率」をいきなり求めることは難しくなってくるので、先に「重ならない確率」を考えます。

2人いるとき、その2人が同じ誕生日にならない確率は、1人の誕生日を固定してその人と重ならない誕生日と考えると、残りの365日のいずれかであればよいので、確率は365/366となります。

3人の場合は、先ほど求めた2人目まで誕生日が重ならない確率に加えて3人目も重なってはいけないので、確率は、

$$\frac{365}{366} \times \frac{364}{366}$$

となります。人数が増えても、同様に考えていくことができます。n人いる場合は

$$\frac{365}{366} \times \frac{364}{366} \times \cdots \times \frac{(366-n+1)}{366}$$

が、n人の誕生日が重ならない確率となります。

あとは全体から上の確率を引いたものが、n人の誕生日が2人以上重なる確率となり、

$$1-\frac{365}{366}\times\frac{364}{366}\times\cdots\times\frac{(366-n+1)}{366}$$

が、確率の式となります。この式を使って計算していくと、$n=23$のとき50％を超えるということになるのです。

僕自身、講師をする算数・数学講座で、実際に参加者に対してこの「誕生日のパラドックス」をよく体験してもらっています。

以前実施したある講座では、100人とちょっと参加者がいました。その中で、同じ誕生日の人は12組。加えて、1組は3人が同じ誕生日だったのです。

実は、100人いると3人が同じ誕生日となるのは珍しいことではありません。ぜひ、大人数集まったときに試してください。

人数が多くなくても、たとえば10人くらいしかいないときも、これに近い体験ができます。「1から100までの数のうち好きな数を5個、ほかの人とかぶらないように選んでもらう」というルールで試してみてください。

人数	誕生日が重なる確率
10人	約11.7％
20人	約41.1％
30人	約70.5％
40人	約89.1％
50人	約97.0％

Q3

一瞬で解ける発想の転換！

128チームが出場するトーナメント大会が行われます。

優勝者が決定するまでの試合数は何試合ですか？ただし、引き分けはないものとします。

解答編

暗算で効率よく計算する発想の転換

まず、問題を考える前に肩慣らしです。日常で活用しやすそうな、計算の発想の転換からお伝えしましょう。

はじめに断っておきますが、すべての計算式が効率よく計算できるようになる話をするわけではありません。いくつかの条件を満たす計算のときのみ使える、発想の転換法になります。

たとえばこのような計算、どう計算しますか？

$594 + 627 = ?$

普通に計算することも可能ですが、繰り上がりがどの位でも生じるため、少し計算が複雑になります。

ですが、ここで594をおよそ600として捉えたり、627をおよそ630と捉えることで数がスッキリするという発想を利用してみましょう。もし600と630のたし算だったら、

$600 + 630 = 1230$

となります。ただし、この答えは正解ではありません。もともとは594と627のたし算なのですから。

そこで、$600 = 594 + 6$、$630 = 627 + 3$であることを利用して考えるのです。

そうすると、「594よりも6多くたしてしまったし、627よりも3多くたしてしまった、つまり9多くたしてしまった」と考えることができます。

つまり多く足してしまった「9」の分だけひき算すればいいということになり、

1230－9＝1221

これが594＋627の答えになるのです。繰り上げもしくは繰り下げすることで簡単な数になる場合の計算は、この発想を使うことで計算が簡単になるはずです。

597×6などの計算でも、同じような発想で比較的簡単に計算は可能です。

お会計のワリカンを瞬時に計算する！

発想を変えた計算方法はほかにもあります。

たとえば5人でワリカンするとき合計金額が2万4000円だったら、1人あたり

24000÷5＝4800（円）

と計算することができますが、「5で割る」を「2をかけて10で割る」と捉えることで、

24000×2÷10＝48000÷10＝4800

と計算することができます。

「5で割る」シチュエーションはなかなかないかもしれませんが、「1.5倍する」というのは仕事をするうえで頻出する計算かと思います。たとえば、「1万6000人の1.5倍」はどうなるでしょうか。

1.5＝1＋0.5なので、「元の数に元の数を0.5倍したもの

をたす」という発想をしましょう。先ほどの「5で割る」の発想の逆の考え方で、「0.5をかける」を「2で割る＝半分にする」と捉えれば、「1.5倍する＝元の数に半分にした数をたす」と考えることができます。

つまり、

$$16000 \times 1.5 = 16000 + 16000 \div 2$$
$$= 16000 + 8000 = 24000$$（人）

と考えることで、計算がスムーズに行えるということです。

以上をまとめるとこうなります。

①繰り上げもしくは繰り下げで、簡単な数にする

例）$594 + 627 = 600 + 630 - 6 - 3 = 1230 - 9 = 1221$

②5で割るのではなく、2をかけて10で割る

例）$24000 \div 5 = 24000 \times 2 \div 10 = 48000 \div 10 = 4800$

③1.5倍するのではなく、元の数に半分にした数をたす

例）$16000 \times 1.5 = 16000 + 16000 \div 2$
$= 16000 + 8000 = 24000$

「ひき算思考」で物事を捉える発想法

さて、最初の問題を考えてみましょう。

いわゆる「トーナメント表」を描いて考えることも可能です。

例として簡略して、16チームが出場するトーナメント

を考えます。

　トーナメント表を見て、数えていけば実際に必要となる試合数が数えられます。下図のように数えていくと、決勝戦までに15試合を要することがわかります。

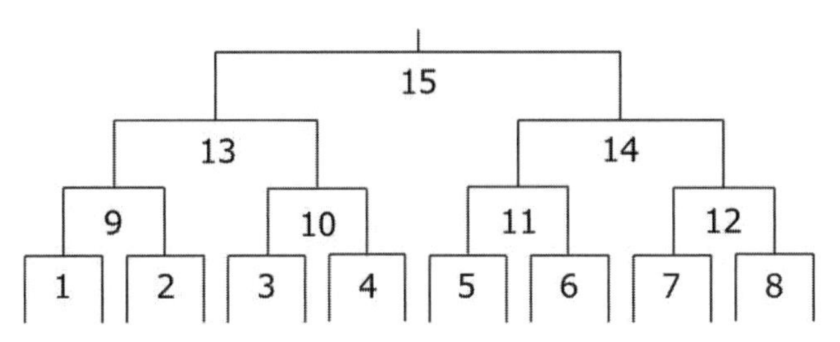

　ここでは、このように普通に数えていくという方法ではなく、発想を変えて考えていく方法を紹介します。

　このトーナメントの問題の場合だと、「優勝するための試合数を考える」という直接的な解き方をするのではありません。「優勝者を決める」を「1人を除く、ほかのすべての人が負けるために必要な試合数を考える」へと発想を変えられることを利用して、解くことができるのです。

　16人でトーナメント戦を行うということは、優勝者の1人を引いた15人が負ける必要があります。なので、必要な試合数は15試合であることがわかる、ということです。

　これと同様に、冒頭の問題の答えは、

$$128 - 1 = 127$$

127試合が答えなのです！

　この発想法を、答えを求めるためにひき算をするのでここでは「ひき算思考」とでも表現しておきましょう。

この「ひき算思考」はほかの問題にも活用できる、便利なツールでもあります。ここで例を1つ挙げてみましょう。

発展編 山の木の本数を数えよ！

この話は、歴史上の人物として有名な豊臣秀吉が実際に使った発想といわれています。

秀吉が織田信長の家臣として木下藤吉郎を名乗っていたころ、信長から「山の木の本数を数えよ」という任務を言い渡されたことがあったそうです。

それまで任務を言い渡されてきた他の家臣は、木の本数を数えているうちにどの木を数えたか混乱してしまい、最後まで数え切ることができませんでした。数え切るためには何かしら工夫が必要とされていたのです。

そこで秀吉のとった方法が、発想の転換であり、先ほど紹介した「ひき算思考」なのです。

秀吉は木を数えるために、大量の紐を用意しました。その紐を、山に生えている木1本につき1本ずつくくりつけていったのです。

すべての木にくくりつけ終えたあとも、はじめに用意した紐はまだたくさん余りました。これで、木を数える準備は終了したのです。

秀吉は、木の本数を数えるのではなく、残った紐の本数を数えました。その残った紐の本数と、はじめに大量に用意した紐の本数を比べて、その差を山にある木の本数と算出したのです！

たとえばはじめに用意した紐の本数を2万本、木にくくりつけたあと残った紐の本数を8000本としたら、20000－8000＝12000で、山に生えていた木の本数は1万2000本ということになります。

ちなみに秀吉は部下に紐をくくってこさせるように指示を出しただけなので、秀吉本人は山に行くことなく、求めたい答えにたどり着くことができたそうです。彼の発想の柔軟性を象徴している話ともいえるでしょう。

実はこの発想法、使いどころは意外とありまして、たとえばイベントの来場者数を数えるときに、人数をカウントする機械を使って数えるのではなく、来場者全員にチラシを配る（もし受け取ってくれなかったらそのつど捨てていく）という方法をとることで、人数を数えることが可能となります。

こう考えると、このひき算思考の発想法は日常で知らないうちに使っている方法なのかな、と感じる方も少なくはないでしょう。

Q4

数学パズルの名作に挑戦

「SEND + MORE = MONEY」
この数学パズルが解けますか？

$$
\begin{array}{r}
\mathrm{S\ E\ N\ D} \\
+\ \mathrm{M\ O\ R\ E} \\
\hline
\mathrm{M\ O\ N\ E\ Y}
\end{array}
$$

解答編

ヘンリー・アーネスト・デュードニー（1857－1930）という、イギリスのパズル作家兼数学者をご存じでしょうか。20世紀初期、日本で「パズル」という言葉が広がりはじめたのとほぼ同時期に、彼の著作が日本で紹介されました。「数学パズル」という言葉が日本で使われるきっかけを作った一人といってもよいかもしれません。

世界初の「覆面算」

デュードニーが作った数学パズルはさまざまな分野にわたりますが、彼の名前は知らなくとも一度は見たことのある問題をまずは紹介しましょう。それはこちら。

$$
\begin{array}{r}
\mathrm{S\ E\ N\ D} \\
+\ \mathrm{M\ O\ R\ E} \\
\hline
\mathrm{M\ O\ N\ E\ Y}
\end{array}
$$

「SEND＋MORE＝MONEY」

いわゆる覆面算と呼ばれるものです。同じアルファベットには同じ数字が入ることになっており、また、数字はそれぞれ0から9のどれかが1つ、というルールです。

このような覆面算（あるいは虫食い算の一種とも捉えられます）の明確な起源は明らかになっていないのですが、

意味のある単語を活用して覆面算を作ったのはデュードニーが初めてといわれています。
「SEND + MORE = MONEY」は「もっとお金を送って」という意味になっていますね。
　ちなみに、このパズルの答えはこちら。

$$
\begin{array}{r}
9\,5\,6\,7 \\
+\;1\,0\,8\,5 \\
\hline
1\,0\,6\,5\,2
\end{array}
$$

デュードニーの三角形

　彼の発想の凄さはほかにもあります。筆者が特に感動したのは、ずばり彼の名前がついた「デュードニーの三角形（デュードニーのパズル）」と呼ばれるものです。そのパズルは次ページに写真で紹介します。
　正方形から正三角形に変わっていく様子がわかりますか。正三角形を半分に切ってそれを並べ替えれば長方形ができる、というのはすぐイメージが湧くと思いますが、正方形から正三角形になる、というのは驚きです。
　逆に、正三角形の状態の切り込みを見ても、ここから正方形になることは想像しにくいでしょう。
　この数学パズルのさらなる魅力は、変形していくときにそれぞれのピースの頂点が1つずつ、くっついたまま変形できることです。言い換えれば、ピースの順番をほとんど

デュードニーの三角形（模型製作：吉田真也）

並べ替えることなく変形できる、ということでもあります。

そして実は、作り方は意外とシンプルです。まず、正三角形の2つの辺の中点と、残りの1辺を約0.5：1：0.5（より正確には次ページの図の値、0.5090…：1：0.4909…）の比で分けた点をとります。あとはそれぞれの点をつないだり、そのつないだ線に垂線をおろすことで、簡単にデュードニーの三角形を作ることができるのです。

なぜこれで正方形に変形できるのか、という証明はやや複雑になります。正三角形の面積をこの与えられた数値で計算すると底辺が2で高さが$\sqrt{3}$なので面積は$\sqrt{3}$であることがわかります。変形しているだけで面積は同じなので、できあがる正方形の1辺の長さは$\sqrt{3}$にさらにルートをと

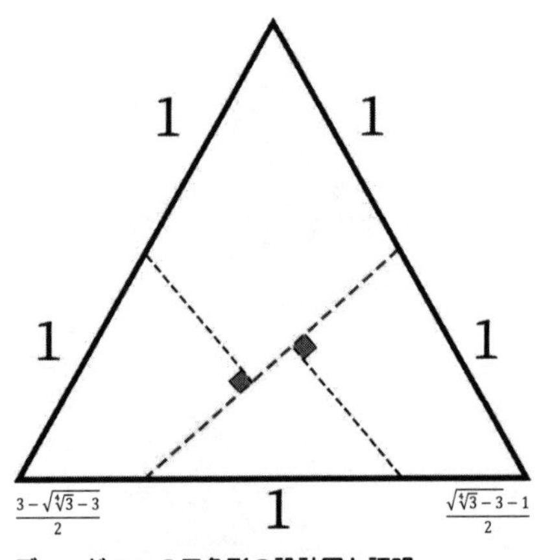

デュードニーの三角形の設計図と証明

った、3の4乗根となるわけです。

ここで変形していく様子と分割する図を見比べてみると、底辺から右上に向かって伸びている破線が、正方形の2ヵ所の辺に変形されているのがわかります。つまりこの斜線の長さが3の4乗根となっていることを説明できれば、証明の大部分が完了したことになります。気になる方は計算をしてみて下さい。

五角形から長方形の変形も可能

さて、紹介したデュードニーの三角形のように一見不思議な切り方をして綺麗な形が作れるというパズル、ほかにもないのだろうか、という疑問を持った人も少なくはないはずです。筆者も同じような疑問を持ち、調べていくなかで少し似たものも見つけたので最後に紹介しておきましょう。それは、「正五角形から長方形ができる」パズルです。

これまた作り方は非常にシンプルで、正五角形の対角線と垂線をおろす作業だけで作ることができます。変形すると、次ページの図のようになりますが、よくこのようなパズルを思いついたものだ、と感心します。

模型製作：吉田真也

発展編 計算もパズルのように親しまれている

ここまでは図形パズルを紹介したので、分野を変えた数学パズルを紹介しましょう。冒頭では覆面算を紹介しましたが、これと同じように計算を主とした数学パズルが存在します。

有名なものは「テンパズル」や「メイク10」といわれるもの。「車のナンバーで10を作る」といったらピンとくる人もいるでしょう。「＋、－、×、÷」の4種の計算と括弧「(　)」のみを使用して4つの数で10を作る、というものです。このパズル、何気なく遊んでいた人もいるかもしれませんが、パズルとして優秀な性質が1つあります。それは、「4つの数字が0を除く異なる数同士である場合、どのような4つの数であっても10を作る計算式が存在する」というもの。この条件を満たす4つの数は全部で126種類ありますが、この126種類すべてで、10を作ることができるというわけです。

次に、テンパズルのようにわかりやすくなじみがあるものとは逆に、かなりマイナーなパズルを紹介しましょう。それは、「偶然式が成立する組み合わせを見つける」というものがあります。数学の世界には理由がしっかりと説明できない、偶然成り立つ美しい式もあるのです。

たとえば、4913という数。この数は17の3乗、つまり$4913 = 17^3$ というわけですが、17という数は

$$17 = 4 + 9 + 1 + 3$$

と表せます。つまり「それぞれの桁の数をたし合わせ3乗すると元の数に戻る」という性質を4913は持っているのです。4桁の数でこのような性質を持ち合わせている数は4913に加えてもう1つ、

$$5832 = (5 + 8 + 3 + 2)^3$$

のみとなっており、この2つの数がそれぞれ成立する理由は、ただの偶然にすぎないのです。ちなみにこの数を発見したのもデュードニーであることから、デュードニー数という名称がついています。

「それぞれの桁の数を利用して元の数を作る」というものでは「フリードマン数」と呼ばれるものもあります。こちらのほうが少し直感的に解くことができて、たとえば

「153」という数を「1」と「5」と「3」を使って作りましょう、というパズルになります。答えは

$$153 = 51 \times 3$$

と、2つの数のかけ算で作れます。

フリードマン数はこのように「各数字をくっつけて2桁、3桁の数などにできる」や「累乗表記に利用することも可能」などのルールも追加されます。「126」や「127」などもこのように表記することができますので、気になる方はぜひ試してください。

Q5

順列・組み合わせの不思議！

下の図のような道（図の線の部分が道）がある。点Aから点Bまで行くとき、同じ道を2回通ることなく行きたい地点までいく経路は何通りありますか？

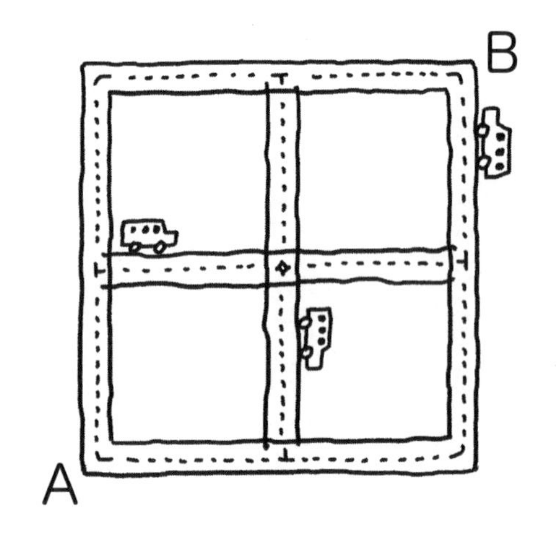

いま鉛筆で線をなぞりながら、地道に数え始めた人！実は、その方法では、あるところから人間の力では追いつかなくなります。これを「組み合わせ爆発」といいます。

解答編

まず、もう少し簡単な問題を考えましょう。

こういう問題だったら、どうでしょうか？

「点Aから点Bまで行くとき、最短経路は何通りありますか？」

この問題は高校数学でも「順列・組み合わせ」の単元でふたたび扱われ、コンビネーション「${}_m\mathrm{C}_n$」を活用することで解きます。

${}_m\mathrm{C}_n$は、m個の異なるものからn個選ぶ方法（組み合わせ）の数です。

$$ {}_m\mathrm{C}_n = \frac{m!}{n!(m-n)!} $$

ちなみに、この2×2マスによって作られる道での問題の答えは、↑に2つ分、→に2つ分の4つ分移動するうえで、何回目の移動のとき↑に移動するかを考えればよいので、${}_4\mathrm{C}_2$となり、6通りになります。

しかし、先ほどの問題は、「同じ道を2回通ることなく行きたい地点までいく経路は何通りか？」というものでした。この場合、答えの組み合わせがおもしろい結果になるのです。

実際に例を挙げてみていきましょう。

まずは1マス×1マスの場合について。

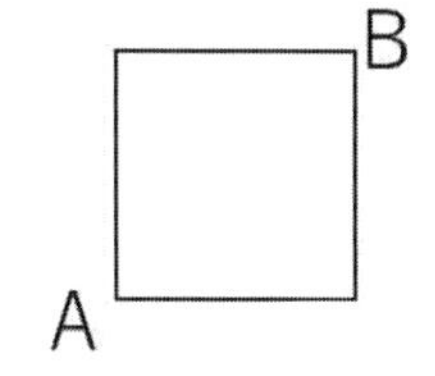

この図のような道の場合は、AからBまでいく道順は2通り。右から先に行くか、上から先に行くか、それ以外の道順はありません。

では、マスを縦横1マスずつ増やした場合どうなるでしょうか。以下のような道のとき、何通りの行き方があるでしょうか。

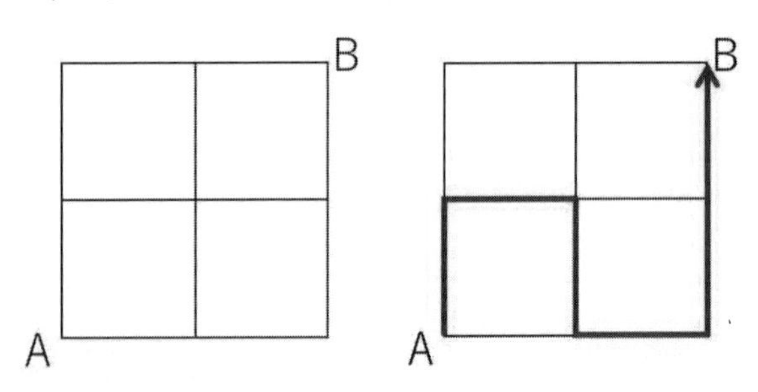

同じ道さえ通らなければ遠回りしてもよいので、たとえば上のような行き方をすることも可能です。

これを踏まえて道順を考えてみると……なんと、12通りの行き方を見つけることができます。最短経路の場合だと6通りでしたが、遠回りを「あり」にしたらその倍の行き方があるのです。

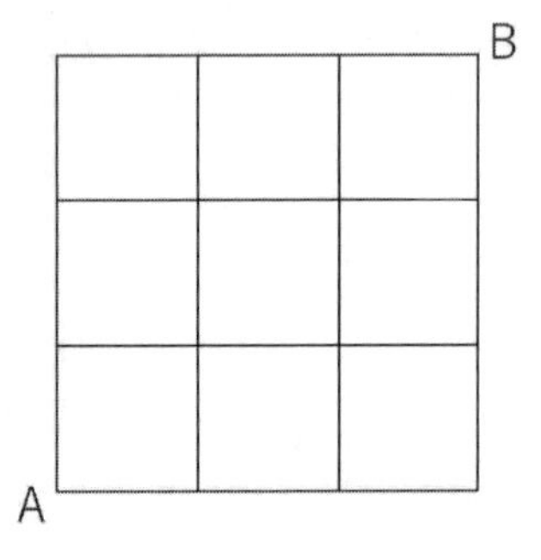

恐ろしいのはここからです。

では、3×3マスの場合、何通りになるでしょうか。もう一度、いっておきますが、数え上げようとすることはおすすめしません。

3×3マスの場合、なんと答えは184通りです！

最短経路の場合は20通りになりますが、その10倍近くもパターンがあるほど、一気に増えるのです。

ちなみに4×4マスの場合はもっと一気に増えて8,512通り、5×5マスは1,262,816通り、6×6マスは575,780,564通りとなります。

そして、10×10マスでは、1,568,758,030,464,750,013,214,100通り（日本古来の数え方でいうと、1秭(じょ)5687垓(がい)5803京(けい)464兆7500億1321万4100通り）です。

たった縦横10マスずつで、これだけ大きな数になってしまうのです。このように、一気に組み合わせが増えていくようなものを「組み合わせ爆発」と呼びます。

「n×nマスの格子状の道があり、同じ道を通らずにスタートからゴールまでいく行き方は何通りか」という単純な設定で、nが1つ増えるだけで答えが爆発的に増えていくのです。

そしてこのnが17になると、

6344814611 2379639713 1029754079 5524400449
4439868664 8069364636 9387855336

となります（長すぎるので、ここだけ10桁ごとに半角空ける表記にしています）。

上と同様に、その桁を日本の数え方で表すと、

63無量大数(むりょうたいすう)4481不可思議(ふかしぎ)……

と、もっとも大きな数を表す「無量大数」を使うことになります。

たった17×17マスのなかに無量大数にも及ぶ数が潜んでいて、無量大数という数を扱うことができるのです！

「この組み合わせ、数えるのにどれくらい時間がかかるんですか？」という質問をされることがあります。

1秒に1通りずつ数え上げることができたら、と仮定したうえで、どれくらいの時間がかかるか計算してみましょう。

4×4マスのときは8512通りなので8512秒、およそ2時間22分かかります。

5×5マスとなると1262816秒で、14日と14時間46分56秒。

たった5×5マスの格子状のマスに対して、寝ずに2週間以上向き合ってようやく数え終わる、という計算になります。

ちなみに6×6マスだと6664日、つまり18年以上かかりますので、くれぐれも挑戦しないように……。

この問題、組み合わせを求める一般式はまだ見つかっておらず、スーパーコンピュータを駆使して数え上げるしかありません。

2019年に26×26マスまでの組み合わせが見つかっており、その組み合わせの数は163桁にも及ぶ組み合わせとなります。

コラム　分数の謎!?

連分数の不思議に挑戦

$$\frac{\frac{1}{2}}{\frac{1}{2}}$$

一見、おやっ？　と思う分数ですが、この数は、分母分子を約分して1として計算できます。

$$\frac{1}{2} \div \frac{1}{2} = \frac{1}{2} \times \frac{2}{1} = 1$$

はじめは見慣れないかもしれませんが、さらに複雑な分数の表記方法もあり、

$$\frac{1}{1 + \frac{1}{2}}$$

のようなものもあります。分母にさらに分数が含まれているものを「連分数」というのですが、このような分数をつなげていくと、

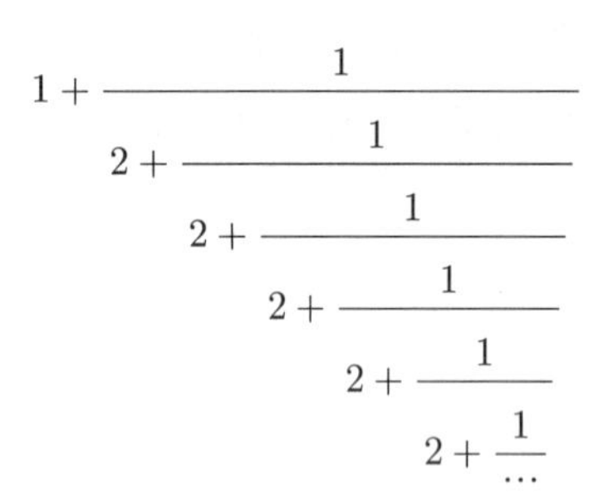

$$1+\cfrac{1}{2+\cfrac{1}{2+\cfrac{1}{2+\cfrac{1}{2+\cfrac{1}{2+\cfrac{1}{\cdots}}}}}}$$

といった表記も可能です（…は循環することを表す記号)。

こんな数が何か意味がある数なのかと疑問を持つかもしれませんが、この式は計算するとなんと$\sqrt{2}$になります！

そうなる理由を厳密ではない方法ですが説明をすると、$\sqrt{2}$は

$$\sqrt{2}=1+\frac{1}{1+\sqrt{2}}$$

という等式が成り立ちます。ということは、右辺の分母の$\sqrt{2}$に上記の等式を代入することができ、

$$\sqrt{2}=1+\frac{1}{1+\left(1+\frac{1}{1+\sqrt{2}}\right)}$$

と、式を変形することができます。これを繰り返していくと、どんどん分母に分数がつながっていく連分数を作れます。ただし、いつまでも$\sqrt{2}$がなくなることがないので、いつまでも続いていくことになります。

Q6

「立体図形」のフシギ

5種類の正多面体、1辺の長さを同じにしたときに、どの正多面体の体積が最大になるか？

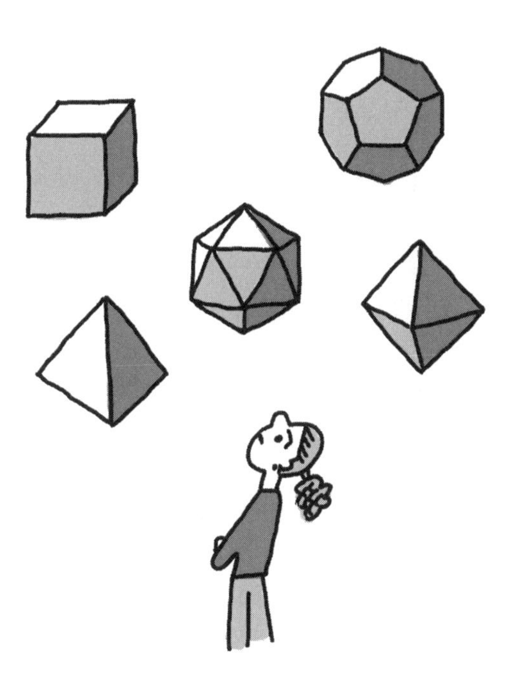

解答編

正多面体が５種類しか存在しない理由

正多面体の特徴を言葉で説明するならば、

・すべての面が同一の正多角形で構成されている
・すべての頂点において接する面の数が等しい

という２点が挙げられる、凹(へこ)みがない多面体のことです。誰もが紙面上では一度は見たことのある立体のはずです。

この正多面体、実は5種類しか存在しません。面の数が少ない多面体から「正四面体」「正六面体」「正八面体」「正十二面体」「正二十面体」と名称がついています。

いわずもがなですが、面の数によって名称が決まっています。正六面体がもっともなじみのある、別名「立方体」と呼ばれる立体です。

「正多面体は5種類しかない」ことを説明する前に、それ以外の正多面体の性質についてふれていきましょう。

問題文の「５種類の正多面体、1辺の長さを同じにしたときに、どの正多面体が最大になるか？」というもの。

ぱっと言われただけだと、「もっとも面の多い正二十面体の体積が最大になるはず」と考えがちですが、それは不正解です！

実際にもっとも大きいのは、正十二面体なのです。正十二面体がどれくらい大きいか、実際に作ってみました。次ページの図の左下が正十二面体です。

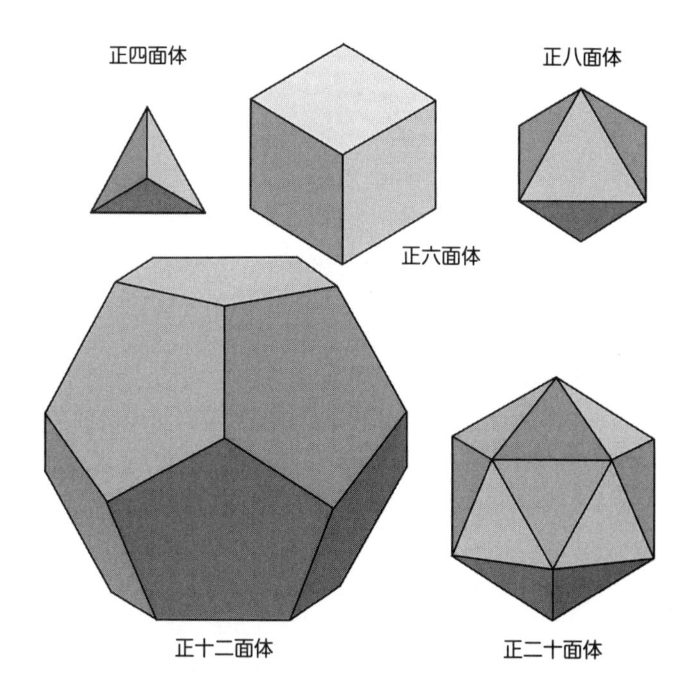

なぜ正十二面体が最大になるのか

正十二面体、非常に大きいですね。

なぜ正十二面体が最大になるのでしょうか。

それは、それぞれの正多面体を構成する「面」に注目すれば直感的にわかります。

正六面体の面は正方形。正四面体、正八面体、正二十面体の面は正三角形。そして正十二面体の面は正五角形です。そして、同じ辺の長さでそれぞれの面を作ると、正五角形がもっとも大きくなりますね。実際に作ってみると、簡単にその大きさを実感できるのでおススメします。

ちなみに、同じ正三角形によって構成される正四面体、正八面体、正二十面体の違いを簡単に説明する方法もあります。

「1つの頂点に注目したときに、その頂点に接している正三角形の数に注目する」という方法です。正四面体は1つの点に3つの正三角形が、正八面体は1つの点に4つの正三角形が、正二十面体は1つの点に5つの正三角形が接しています。この話が本題につながります。

さて、それでは本題。正多面体がなぜ5種類なのか、その理由を説明していきましょう。

いくつかの説明の仕方ができますが、面の形に注目した方法で見ていきましょう。

正多面体の定義上からも、面は正多角形である必要がでてきます。つまり、面は正三角形、正方形、正五角形、正六角形……であることが条件となるわけです。

ですが、たとえば正六角形で正多面体が作れるかをみていくと、実は容易に「できない」ことがわかるのです。

先ほど紹介した「1つの点にいくつの正多角形が接しているか」という視点で見ていくと、すぐに説明できます。

正六角形を3つ並べて正多角形を作ろうとすると、正六角形の1つの角が120°なので、$120 \times 3 = 360°$と平面になってしまい、立体を作ることができません。正六角形2つだけで立体を作ろうとしても、正六角形を歪めてくっつけない限り不可能です。歪めてしまったら元も子もないので、これで正六角形では正多面体が作れないことがわかります。

正六角形で作れないということは、正七角形以上でも作れないことが容易にわかります。正七角形の角を3つくっつけると360°を超えてしまうからです。

これで、正多面体を作ることができる可能性がある正多角形は「正三角形」「正方形」「正五角形」しかない、ということがわかりました。

そして、先ほどと同じ方法で、それぞれの正多角形でどんな多面体が作れるか考えていくことで、結論にたどり着くことができます。

まず、わかりやすいのは正五角形と正方形。これら2つは、1つの点に4つ以上の面をくっつけると360°以上になってしまうので、これはNGです。よって1つの点に接する面の数は3つのみ。そして、正五角形3つが接する多面体は正十二面体、正方形3つが接する多面体は正六面体となります。

正三角形の場合は1つの点に3つの面の場合、4つの面の場合、5つの面の場合までは許容することができ、それぞれ正四面体、正八面体、正二十面体を作り上げます。

しかし、これ以上の多面体は作ることができないことも同時にわかるので、ここまでで説明した正多面体のみの5種類しかないことがいえます。

正N角形の1つの角を $180(N-2)/N$ とし、M個の正N角形をつけるとしたとき、上限を360°として不等式

$$M \times 180(N-2)/N < 360$$

を満たすNとM（ただし整数）を求めることでも、同様の結論を導くことができます。もしこの方法で正多面体の種類を求めたい人は、ぜひ計算してみてください。

同じことを繰り返しますが、この話、正四面体、正八面体、正二十面体を作ってみるとより実感が湧きますので、ぜひ作ってみてほしいです。

発展編 「錐」の体積はなぜ「柱」の3分の1なのか

次に取り上げる立体は「錐」です。四角錐や円錐、これら錐体の体積Vの公式は、底面積Sと高さhを使って、

$$V = \frac{1}{3}Sh$$

と表すことができるのですが、ここに出てくる「1/3」という数、どこから来たのでしょう。

子供のころ、この公式を勉強したときに、誰もが一度は疑問に思ったのではないでしょうか？

この公式、「錐体は同じ高さで同じ底面積の直方体および円柱の、3分の1の体積となる」という意味ととれます。

まず用意するのは、次ページのような立体。

名称としては、もちろん四角錐。高さ（図の破線）は先ほど定義したhとしますが、実はこの四角錐、特定の底面の大きさのとき、6つ組み合わせることで立方体を作ることができます。

底面側に1つ、側面に4つ、そして上に逆さにしてかぶせると、立方体になってしまうのです。

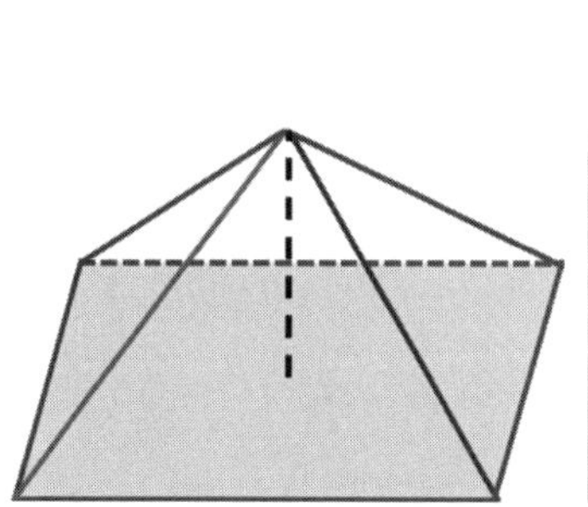
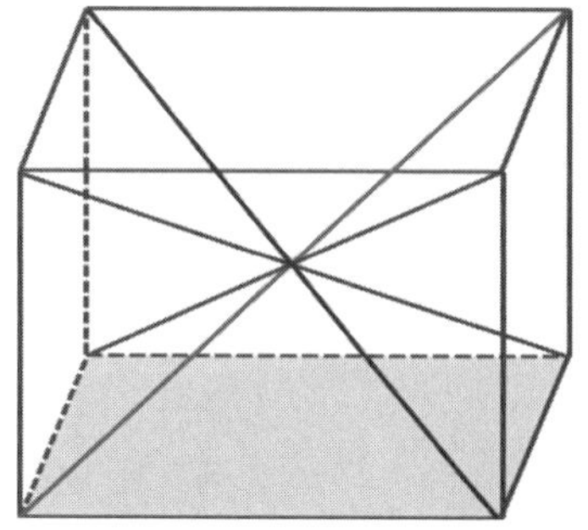

これが正多面体である立方体となるための条件は、底面の1辺が2hとなるとき。つまり、組み立てた立方体は1辺の長さが2hということがわかります。

よって立方体の体積をWとすると

$$W = 2h \times 2h \times 2h = 8h^3$$

となります。そして、立方体は四角錐6つでできているのですから、四角錐の体積は、

$$8h^3 \div 6 = \frac{4}{3} \times h^3$$

となります。四角錐と同じ高さの直方体の体積は、

$$2h \times 2h \times h = 4h^3$$

となるので、比較することで1/3倍の体積であることがわかります。

円錐の場合はこの図のように考えることは難しいですが、上で調べた四角錐と同じ底面積と高さを持つ円錐を考えて、比を用いて計算していくことで説明が可能です。こ

の方法以外に、積分を使って計算することもできます。

特別な形の四角錐に関してはこのような考え方で説明がつきますが、ほかの錐体では同じような説明ができません。細かい説明は省きますが、ほかの錐体の場合は積分を使った説明の仕方があります。

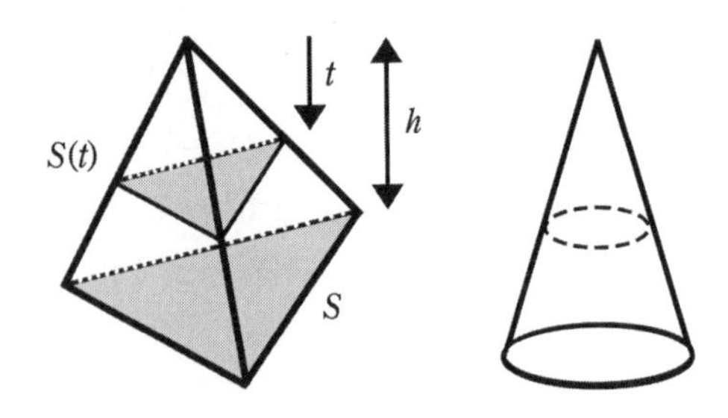

底面から反対側にある頂点からの距離をtとし、そこでの断面の面積を$S(t)$とおくと、体積Vは

$$V=\int_0^h S(t)\cdot dt$$

という式で表すことができます。あとは、相似比から$S(t)$の面積をtで表し、積分を計算することで錐体の体積の公式を導出することができるのです。

いろいろと説明をしましたが、やはり立体の話、図などで想像を膨らませつつも、この目にしてみることで生まれる感動というものがあります。

Q7

集合とベン図のフシギ

「ベン図」で４つの集合を表せますか？

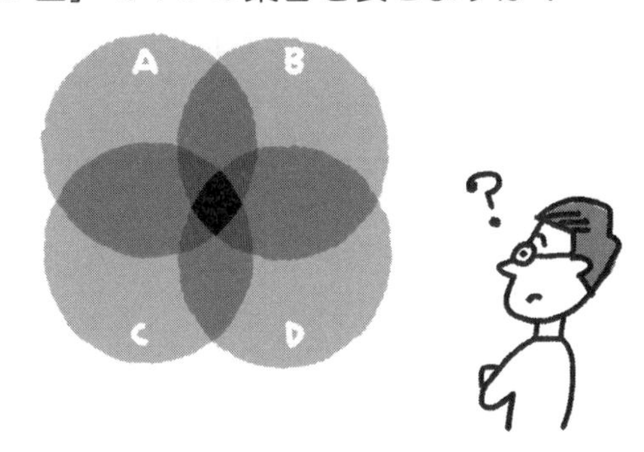

ものの分類をするために使える発想でもある「集合」。数学においても重要な役割を果たします。

集合で出てくる「ベン図」、名前はピンとこなくても下の図を見れば思い出す人もいるのではないでしょうか。ベン図とはこのような図のことです。

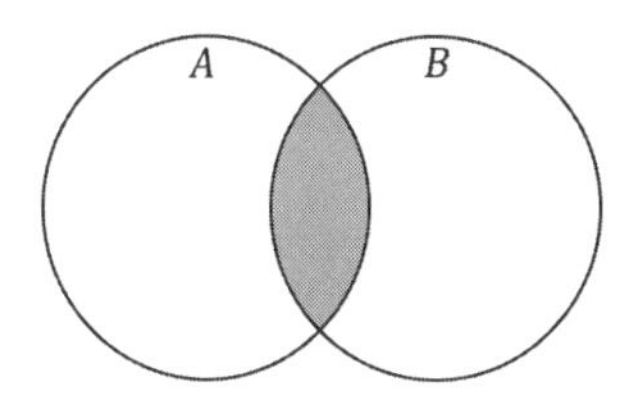

でも、問題文にある４つの円による分類は、何かが不足してますよね？

解答編

ベン図は、数学好きにはおなじみの、集合について直感的に理解することができる表現手法ですね。名前の由来はイギリスの数学者ジョン・ベン（John Venn）によるもので、彼が考え出した表現手法とされています。

前ページのベン図で基本をおさらいします。

ある集合Aをたとえば「2の倍数」とし、集合Bを「3の倍数」としたとき、Aによって囲まれたところには「2の倍数」が含まれ、Bによって囲まれたところには「3の倍数」が含まれます。そして2つの円が重なった色が濃くなった領域には「2の倍数かつ3の倍数」、つまり「6の倍数」が含まれることになります。そしてAにもBにも囲まれていないところには「2の倍数でも3の倍数でもない数」が含まれることになるわけです。

ではこのベン図、集合の数を増やしていくとフシギなことが起きるので、その現象を紹介していくことにしましょう。

まず、3つの集合を考えてベン図を作ると以下のようになります。

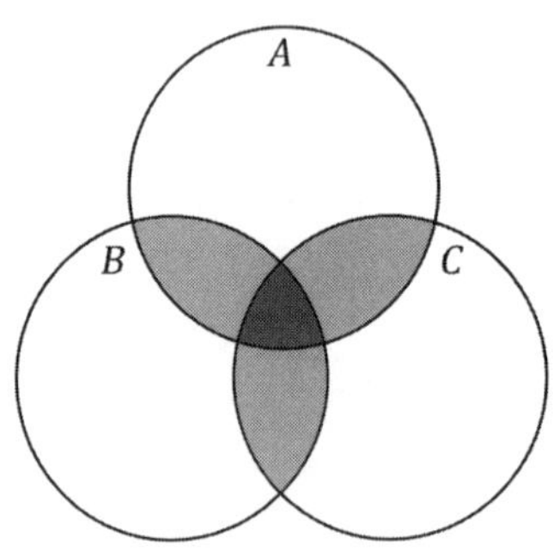

このように、先ほどの集合A、Bに加えて集合Cを考えます。集合Cを「5の倍数」とすると、中心でちょうど3つの集合が重なり合っているところは「30の倍数」と

いうことになります。ここで、他の囲まれた領域がそれぞれどんな集合になっているかを考えると、以下のように書けます。

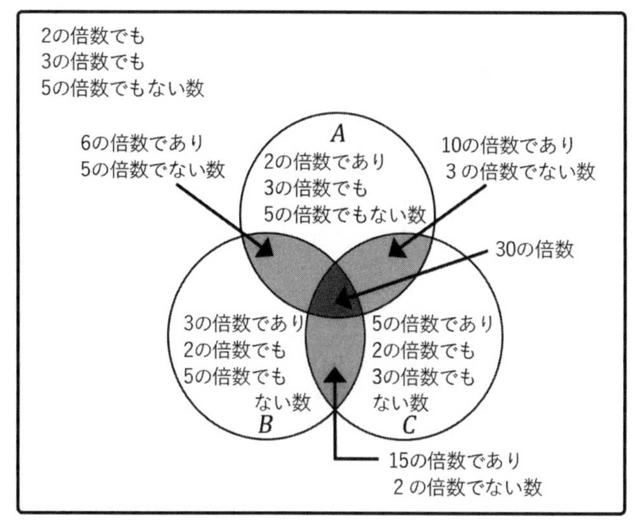

これを見ると3つの集合を考えることで、8つの数の分類がなされていることがわかります。これは、2の3乗＝8というカラクリになっていて、“それぞれの集合の条件に「当てはまるか」「当てはまらないか」の2通りを3つの集合で考える”ことに相当するので、こうした数字が出てくることになります。

4つの集合ではどうなる？

さて、長かったですがここからが本題です。

4つ目の集合を考えるとベン図はどうなるでしょうか？

同じように描いてみると、以下のような図になります。

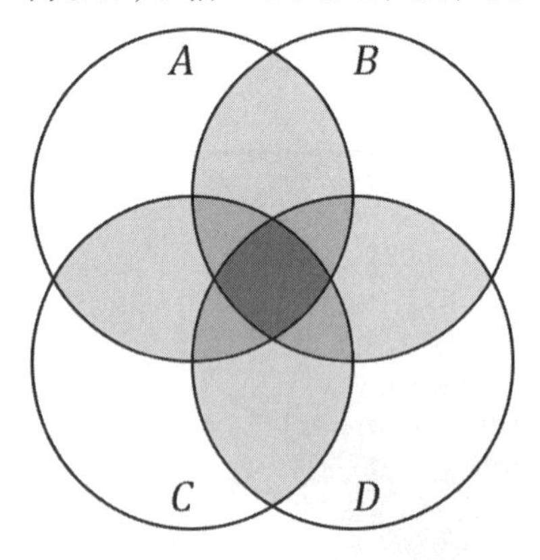

しかしこの図、実はよく見るとおかしなところがあります。どこがおかしいのか、わかるでしょうか？

3つの集合のベン図で確かめたように、4つの集合のベン図でも、いくつの領域に分けられるのかを計算してみましょう。

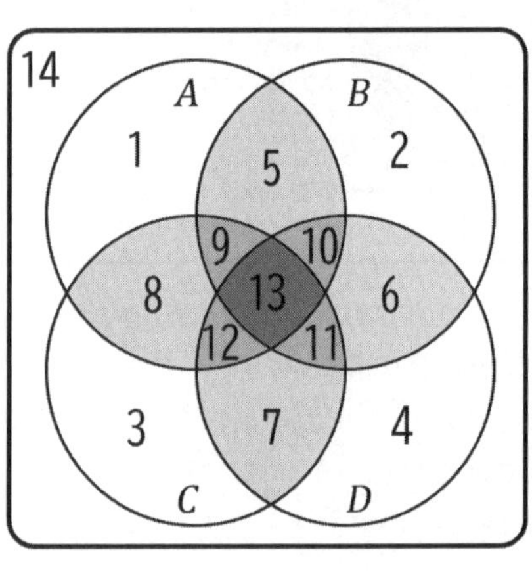

分けられる領域の数は、2の4乗＝16なので、16個に分かれていれば問題なさそうに見えます。では数えてみましょう。

なんと2つ少ない、14個です。これはどういうことでしょうか？

実はこれは、このベン図だと表しきれてない領域があるのです。何が足りないのか？　そして、どうすれば16個を表すことができるのでしょうか。

タネ明かしをすると、足りない2つは対角線上にある集合同士のみを満たす集合です。図でいうと、AかつD、BかつCを満たすものが表せていないということなのです。

実は、4つの集合のベン図を過不足なく表すときには、円で表すことができません。しかし円ではなく楕円にするなど、少し形を変えることで解決できます。以下のようになります。

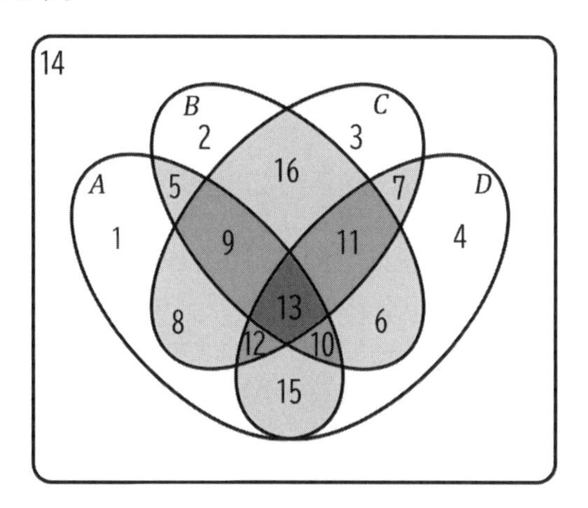

これ以上の数の集合をベン図で表す場合、5つまでは楕円の組み合わせで可能です。ただ、それ以上となると楕円よりも入り組んだ図形を使わなければいけないのですが、ここでは割愛しておきます。

発展編 集合の発想で矛盾を作る!?

さて、続いてもう1つ、集合を使ったパラドックスと呼ばれる、不思議な現象が起きるものを紹介します。

たとえば、左のような貼り紙があったとき、あなたはどんなことを思いますか？

この「貼り紙自体」が貼り紙となっているため、すでに貼り紙が貼られている状態になってしまっていますね。ですのでこの貼り紙の主張をそのまま受け入れるとしたら、この貼り紙自体をはがさないといけません。

同じような話で、

「ある村では、床屋が男性１人しかおらず、その男性は自分で髭を剃らない人全員の髭を剃り、それ以外の人の髭は剃らない」というルールを持っています。

このとき、この床屋は自分の髭を剃るのか剃らないのか？

自分の髭を自分で剃らない村人に対しては、この床屋が髭を剃っていきます。

床屋自身が自分の髭を剃らないとしたら、この男性自身も「自分で髭を剃らない村人」に該当しますが、いざ剃ろうとすると「自分で自分の髭を剃る村人」になってしまい、「自分で髭を剃らない村人」ではなくなってしまうので、この床屋はやはり自分の髭を剃らないことになります。しかしそうなるとまた、「自分で髭を剃らない村人」

に該当することになるため、同じことの繰り返しになってしまうのです。

　このような現象は「ラッセルのパラドックス」と呼ばれ、このパラドックスを解消する1つの方法として、「集合の取り方を工夫する」というものが知られています。

　たとえば貼り紙の話では、「この貼り紙以外の貼り紙は貼ってはいけない」とすればよいのです。集合の発想で考えると、「すべての貼り紙」という集合から「この貼り紙を除いた集合で考えている」ということになります。非常にシンプルな解決策ですが、同時に非常に有効な方法です。

　床屋の話の場合も床屋自身以外にルールを適用すればよいので、「ある村に床屋が男性1人しかおらず、その男性は自分で髭を剃らない人全員の髭を剃り、それ以外の人の髭は剃らない」というルールから自分自身を除き、

「ある村に床屋が男性1人しかおらず、その男性は自身を除いた自分で髭を剃らない人全員の髭を剃り、それ以外の人の髭は剃らない」

とすれば解決となります。ややこしい話のようで、例外をうまくなくすためには大切な考え方になります。

Q8

一筆書きとオイラーグラフ

下の3つの図形うち、一筆書きできるものはどれでしょう？

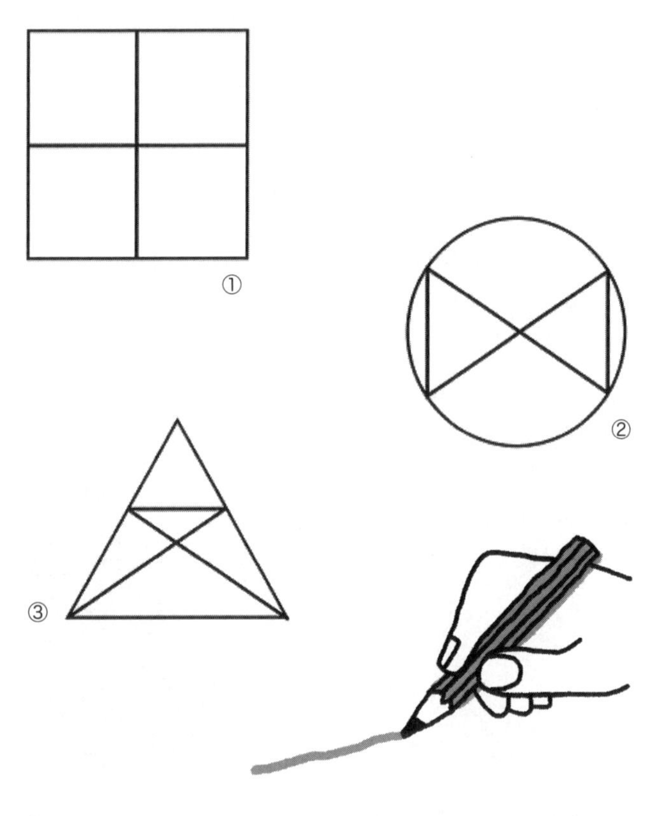

解答編

一筆書きができるかを見抜くには？

問題の3つの図で一筆書きが可能な図は、②と③の図です。①の図は、一筆書きすることができません。

一筆書きできるかの判別方法は、頂点に注目し、その頂点に集まる辺の数を数えることで判明します。

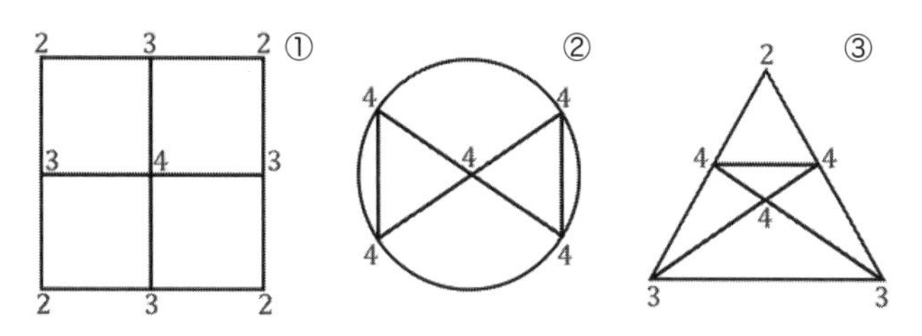

このとき、奇数の個数が2個以下であれば一筆書きすることが可能な図、となります。①は奇数の個数が4個となるので、一筆書きすることができません。ちなみに②と③は2つとも一筆書きできますが、②の図は「書き始めと書き終わりが同じ場所になる」という特徴を持ち、③の図は「書き始めは奇数が書かれた頂点からで、書き終わりももう1つの奇数が書かれた頂点」という特徴を持ちます。

この一筆書きは数学の分野では「離散数学」に入り、そのなかで「グラフ理論」と呼ばれるもので、中学や高校の数学で扱われることはほとんどありません。なかにはパズルのように扱えるものもあり、一筆書きがその代表的な例となります。

先ほど説明した「頂点に注目し、その頂点に集まる辺の数」のことを次数といい、②の図のような、始まりと終わりが同じ箇所の一筆書きできる図を「オイラーグラフ」といい、③の図のように始まりと終わりが異なる一筆書きできる図を、準オイラーグラフといいます。また、このようにすべての辺を通る道のことを「オイラー路」といいます。このオイラーは、かの数学者レオンハルト・オイラーがこのような一筆書きの問題に取り組んだところから数学の分野として扱われるようになったことが関係しています。

一筆書きの問題と似た問題で、以下のような少し条件を変えた問題もあります。

問：以下のような図で、スタート（S）からすべてのマスを1回ずつ通って、元の場所に戻ることができるか？

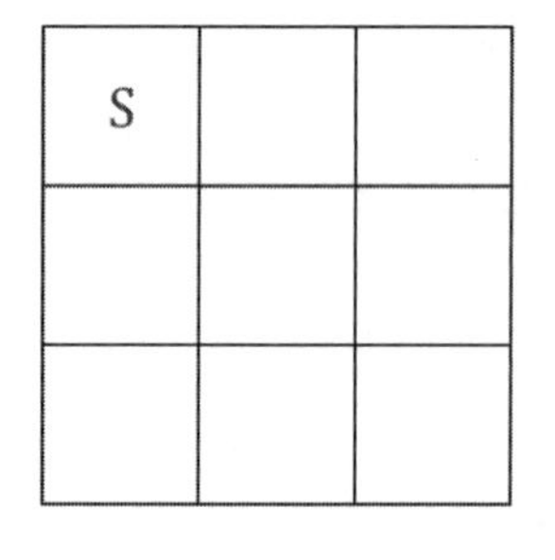

こちらも何度も確かめてみると、元の場所に戻る方法がないことがわかります。この問題は、各マスの中心に○を書き、進める方向に辺を伸ばすことで、次ページ上のような図に変えることが可能です。

先ほどは一筆書きでしたが、この図のすべての頂点を1回ずつ通る方法を考える、という問題に置き換えられます。すべての頂点を1回ずつ通る道を「ハミルトン路」といい、先ほどのようにスタートもゴールも同じ地点になる

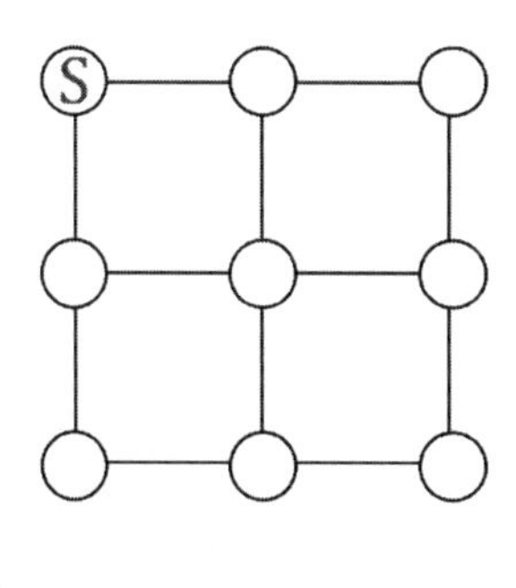

ようなものを「ハミルトン閉路」といいます。このハミルトン路は、一筆書きのときに紹介したオイラー路と似ているようで、異なる性質があります。それは、特定の場合を除き、簡単な判別方法が存在しません。後半で、この例についてふれます。

ただ、先ほどの場合はこのような方法でも判別することができます。

たとえばマス目に交互に白黒を付けてみます。

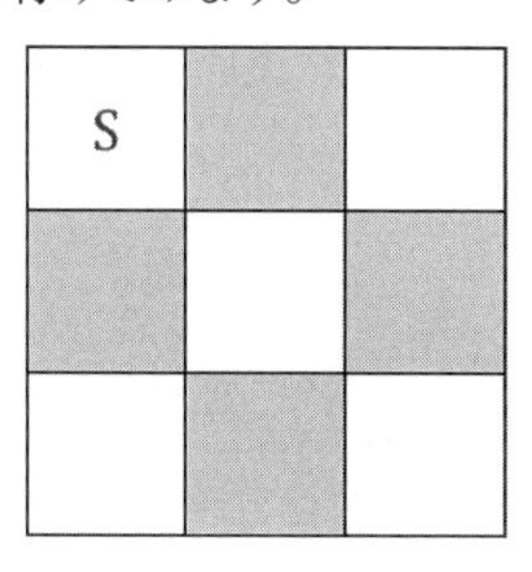

すると、スタートから次のマスに進むと、白⇒黒と色をたどることになります。続くマスはどう進んでも白のマスに進むことになり、つまり白⇒黒⇒白⇒黒⇒……と交互に進んでいくことがわかります。ここで、最初と最後が同じマスで2回数える必要があることに注意しながら白のマスと黒のマスの数を数えていくと、

白：6マス
黒：4マス

となります。このとき、白のマスのほうが2マス多くなり、そのマスの数で白黒交互に並べていくとどうしても白が余ってしまいます。つまり、どう進んでも最初の場所に

戻ってこれないということがわかるわけです。

さて、ここまでふれてきて、パズルのようなおもしろさは感じることができたかもしれません。ただ、さらにこれに新しい条件を加えていくことで、身近なものとのつながりが見えてきます。加える条件とは、「距離」です。先ほどのグラフに距離の情報を加えてみましょう。

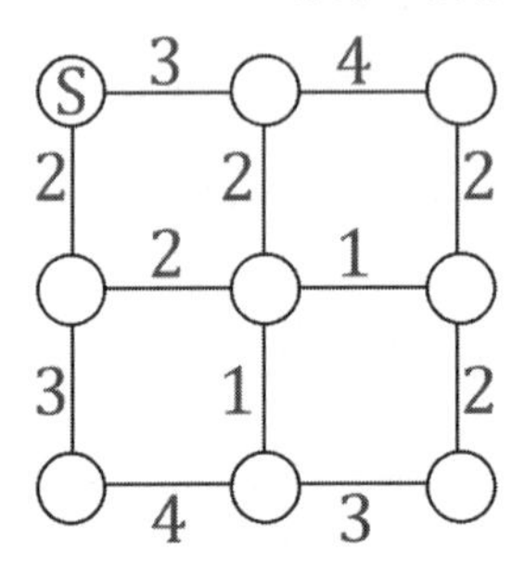

そうすると、たとえば以下のような問題を作ることができます。

同じ道を通らず、いちばん長い道のりを通って元の場所に戻る行き方はどういった行き方か。ただし、すべての頂点を通る必要はないものとする。

この問題の答えは、周りをぐるっと一周時計回りまたは反時計回りで進む行き方が最長です。

発展編 最長片道切符の問題？

先ほどの問題の頂点を「駅」に置き換え、辺を「路線」に置き換えた、「日本のJRの鉄道において、同じ駅を通らずにもっとも長い距離移動する道を考える」という試みが存在し、古くから行われています。

「最長片道切符」と呼ばれるこの試みについて最後少しだけふれておきましょう。

北海道から鹿児島までの距離はおよそ3000 km程度といわれていますが、この最長片道切符は10000 kmを超える長さとなっており、1961年に東京大学の旅行研究会が手計算を行い、最長と思われる12145.3 kmを25日間かけて移動したという記録が、残されている記録でもっとも古いものとされています。ただし、あとから他の人たちが試算しなおした結果、正しくは最長ではなかったようで、このハミルトン路の計算の難しさを物語っている1つのエピソードといえるでしょう。時代を経て、今はコンピュータの発展および探索の手法が効率化したことで正確に計算できるようになっています。

Q9

立体図形と展開図のフシギ

正方形6枚で作ることのできる形は何種類ありますか？

そのうち、立方体を作ることのできるものは何種類でしょうか？

解答編

立方体の展開図

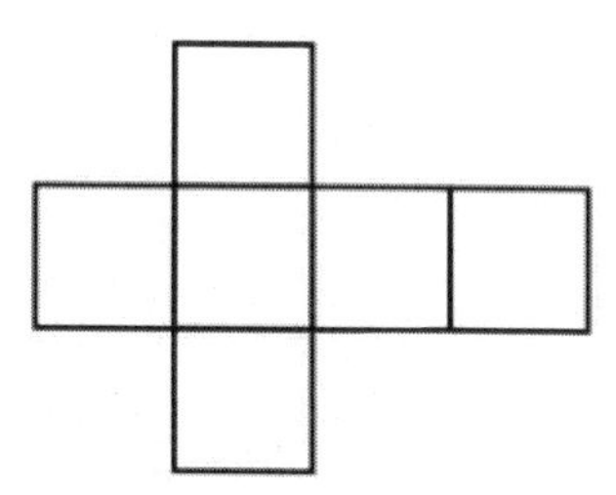

展開図といえば、立方体の展開図をまず頭にイメージする方は多いはずです。そして、右の形を想像する人がいちばん多いのではないでしょうか。

立方体の展開図は、正方形が6個つながった形となります。まずは、このような立方体の展開図についての数学を紹介していきたいのですが、その前にちょっとしたクイズを出題します。

立方体の展開図は正方形が6個つながった形です。では、

「展開図の全体の形が1つの正方形となる立体は存在するのでしょうか？　存在するとしたら、どんな立体でしょうか？」

展開図が正方形になる立体

正解は「そのような立体は存在する」です。その立体は三角錐です。線を入れると少しイメージが湧きやすくなるかもしれません。

意外なことに、このように正方形1つから立体を作り上げることができるのです。

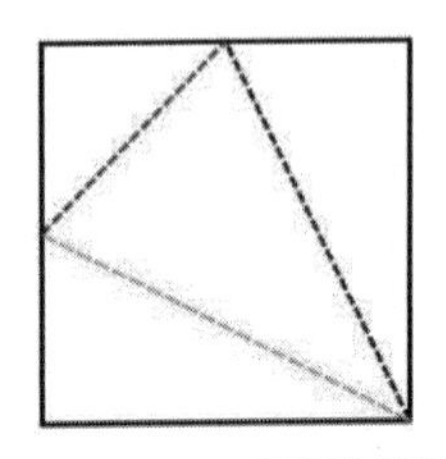
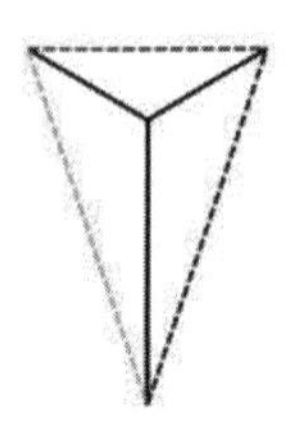

展開図が正方形になる立体

立方体の展開図は全部で何種類？

さて、先ほどふれた立方体の展開図の話ですが、ほかにもいろいろな形があるので紹介していきます。立方体の展開図は全部で11種類あります。

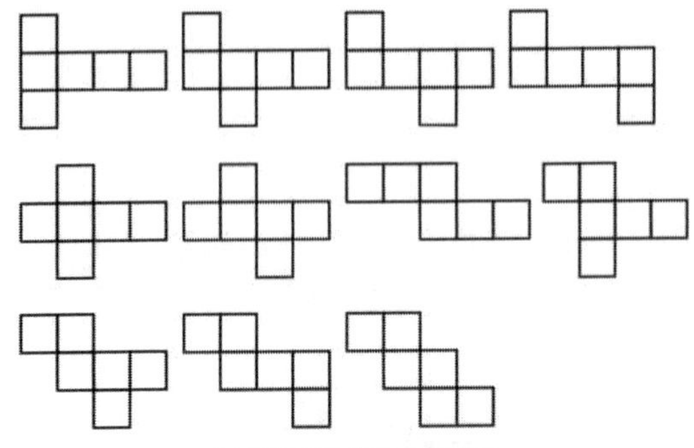

11種類の立方体の展開図

意外と多い！　と感じる人も、そうでない人もいるかもしれません。それと同時に、どうやって11種類しかないことを示すことができるのか、気になる人もいることでしょう。少し、そこに踏み込んでいきます。

そもそも正方形6枚を使って作ることができる図形には

「ヘキソミノ」という名前がついています。ヘキソミノは裏返したり回転したら重なるものを除くと全部で35種類あります。

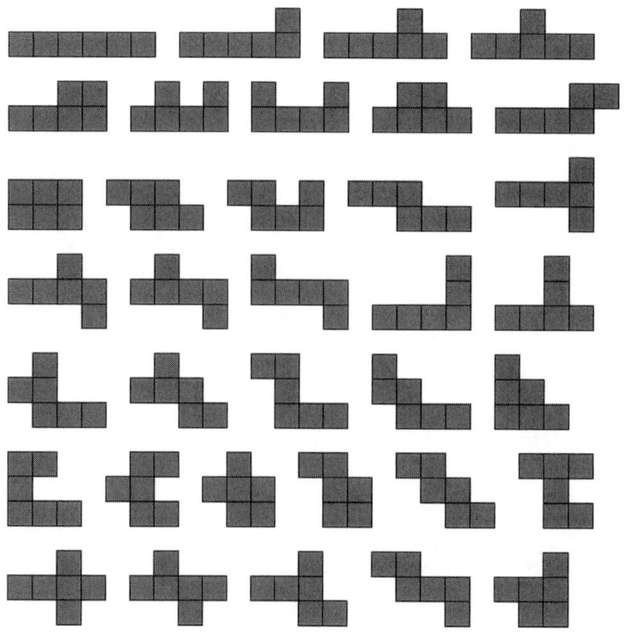

35種類のヘキソミノ

このなかから、切り貼りすることなく立方体を作ることができるものを数えれば、その中のうち11種類のみが立方体を作ることができることがわかります。

この方法が確実ですが、もう1つ違うアプローチを試してみましょう。

ペントミノを使ったアプローチ

ヘキソミノではなく、1つ正方形を減らした「ペントミノ」を考えてみます。

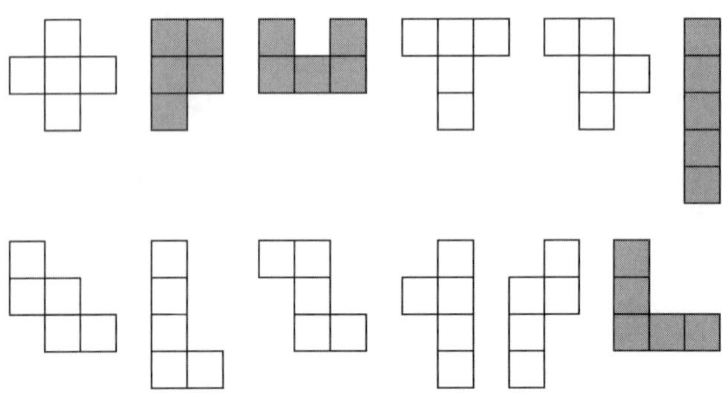

12種類のペントミノ

ペントミノとなると、種類は12種類とヘキソミノと比べ、ぐっと少なくなります。もちろん5個の正方形だけだと箱を作ることはできないのでこのままでは立方体の展開図の種類まで突き止めることはできませんが、一歩手前の「1ヵ所だけ穴があいた箱」を組み立てることが可能です。

12種類のうち、白い正方形で描かれた8種類のペントミノは、穴の開いた箱を作ることができます。あとは、ふたとなる正方形をどうつけることが可能か、を考えていくことで、11種類の展開図を洗い出すことが可能となります。

別の種類のペントミノから同じ形の展開図が作れてしまうので重複をはじくのが少しややこしいところがあるかもしれませんが、ヘキソミノを35種類挙げることより、ペントミノを12種類挙げることのほうが比較的容易のため、この方法も紹介しました。

ほかにも、立方体の展開図として考えうる、一直線に並ぶ正方形の数の上限が「4個」であることを制約条件としてあと2個をどうつけるか、という考え方でも11種類を特定していくこともできます。

一直線に4個並ぶ場合を調べたあとは一直線に3個並ぶ場合、2個並ぶ場合と考えていけば見つけることが可能です。どの方法が考えやすいか、人によって異なるかもしれませんが、ぜひ自分でも調べてみてください。

発展編　三角形でできる立体

ここまでは展開図の1つの面が正方形である立方体の話を紹介しましたが、続いては1つの面が正三角形になっている多面体について紹介していきましょう。

正三角形からなる多面体といえば、そう、正四面体です。正四面体の展開図は2種類あり、以下のような形となります。

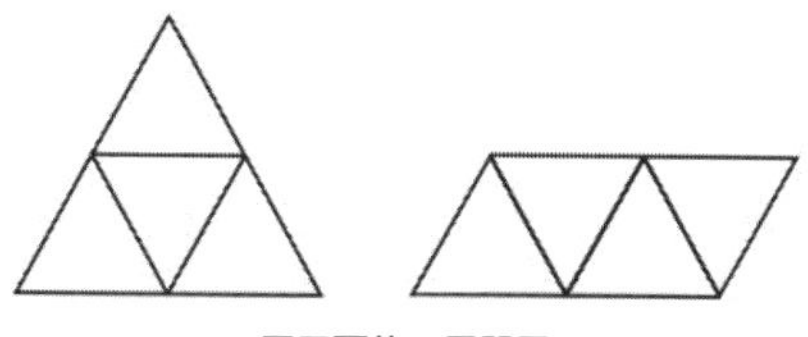

正四面体の展開図

面の数が少ないこともあり、非常にシンプルな形をしています。なんなら、問題の冒頭でふれた、「展開図が正方形1つになる立体」の正三角形版、「展開図が正三角形1つになる立体」は正四面体ということが、この図からもわかりますね。

正八面体の展開図

さて、では続いて正三角形8つからできている正八面体の展開図を見ていきましょう。

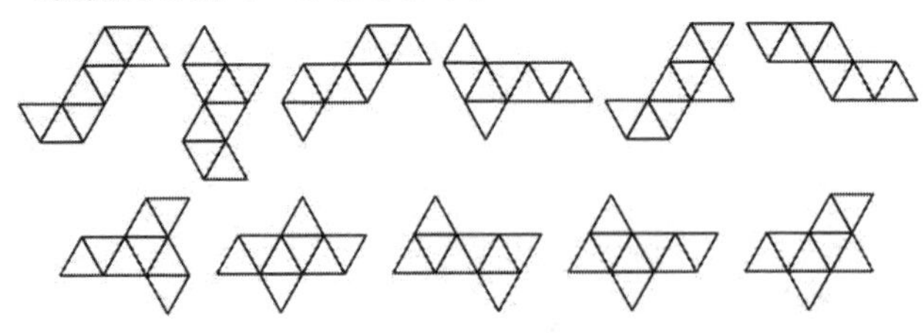

正八面体の展開図

種類は11種類となります。正四面体と比べるとぐっと増えましたが、この「11種類」という数に覚えはありませんか？　そう、「立方体の展開図の種類」と一致しています。これは偶然なのか、それとも理由があるのでしょうか。

ここでは細かい説明にまで踏み込みませんが、立方体と正八面体が「双対」という関係性にあることが理由となります。双対の立体が持つ展開図の種類は同じ数となる、という性質があるのです。

さて、展開図の話はここまでにして、ここからは正三角形によって作られる立体の話をしていきます。

正三角形によって作られる立体

正四面体、正八面体と正三角形によって構成される立体を紹介しましたが、同じように正三角形によって作られる立体はほかにどんな形があるのか、紹介していきましょう。

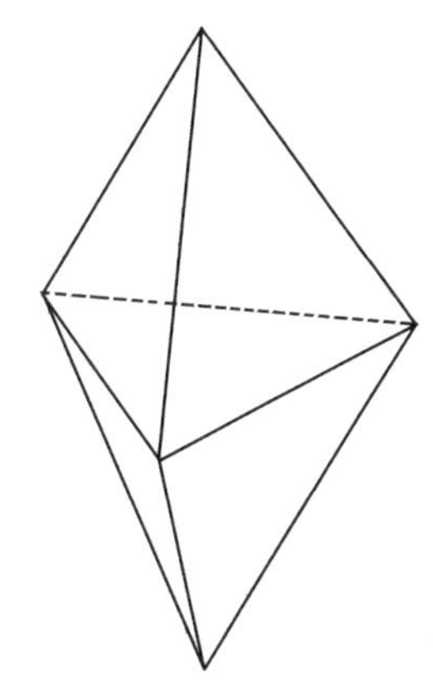

真っ先に「正二十面体」を想像したかもしれません。そう、正三角形によって作られる正多面体として、正四面体、正八面体に加えて正二十面体があるからです。

ですが、実は正三角形のみを面にもつ多面体はこの3種類だけではなく、ほかにも存在するのです。たとえば図のような形があります。

そう、正三角形を6個つなげた立体です。正八面体と少し形状が似ているようですが、正八面体はピラミッドの形状を2つつなげたような形ですが、この立体は正四面体を2つつなげたような立体です。

面の数に規則性がある？

ここまでで、

4個の正三角形……正四面体
6個の正三角形……上で紹介した立体
8個の正三角形……正八面体
20個の正三角形……正二十面体

とふれてきましたが、こうくると、勘が鋭い人は「面の数が、どれも偶数個になっている」ということに気づくかもしれません。その勘は非常に鋭く、実はすべての面が正三角形で、面の数が偶数個の多面体はほかにも存在するのです。存在するすべての立体はこちら。

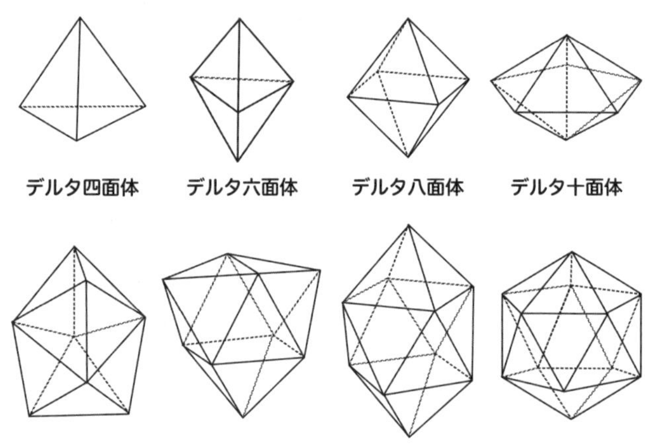

正三角形を使ってできる立体8種類

正確には、「凸多面体」と呼ばれるものをここで挙げており、凹みを許容した多面体となればほかの形も存在しますが、上の図のとおり、8種類存在します。これらの多面体は共通して「デルタ多面体」という名前がついています。

このデルタ多面体の面の数は小さい順に、4, 6, 8, 10, 12, 14, 16, 20となっています。そう、実は面が18個のデルタ多面体が存在しないのです。なんという不思議な現象でしょうか。

1つだけ存在しないことの証明は難しく、ここではふれることはしませんが、ぜひ、正三角形で立体を作ることができる玩具などお持ちの方は、いろいろと形作りを試してください。

コラム　偶然の性質を持つ数

「1089」「3912657840」

このコラムでは「偶然の性質を持つ数」を紹介します。

まずは「1089」という数についてです。

この数、あまり注目されることがない数ですが、いくつかのフシギな性質を持つ数であり、このコラムではその性質を紹介します。

1つ目は1089を「ある規則」で何倍かにすると起きる現象について。

2倍したものと8倍したものを並べてみましょう。

$1089 \times 2 = 2178$
$1089 \times 8 = 8712$

続いて、3倍したものと7倍したものを並べてみます。

$1089 \times 3 = 3267$
$1089 \times 7 = 7623$

2倍したものと8倍したものを比較すると、数字が逆に並んでいる関係になっています。同様に、3倍したものと7倍したものも数字が逆に並んでいる関係になっています。

4倍と6倍、1倍と9倍でも同様のことが言え、このような性質を持つ4桁の数は1089のみとなります。

この性質が成り立つ理由は数学的に論じることが可能で、偶然というには少し弱いのですが、1089にはもう1つ変わった性質があります。

2つ目は3桁の数に「ある操作」をすると1089が現れる、というものです。

たとえば123という数で説明してみましょう。はじめに123を逆に並べた数から123をひき算します。

321 − 123 = 198

この答えと、「答えを逆に並べた数」を今度はたし算します。すると、

198 + 891 = 1089

となります。1089が現れるのです！

この性質も数学的に論じることはできます。

ただ、いま紹介した2つの性質「1089を利用して、数字が逆に並ぶ数を作れる」と「数を逆に並べることで1089を作ることができる」の両方の性質を偶然持つのは、1089のみなのです。

では最後に、筆者的にはもっとも偶然っぽい性質を持つ数を紹介しましょう。それは「3912657840」です。

この数、パッと見て何か美しさを感じる人はいるでしょうか。並んでいる数字に注目すると何かに気づくかもしれません。

数字の文字だけに注目すると、「0から9」までを一度ずつ使用している数ということがわかります。

ちなみにこういった「0から9」までを少なくとも1度ずつは使って表した数を「パンデジタル数」と呼ぶようです。

もちろん、この「0から9」まで使われている数という性質だけなら、適当に並べればいろいろな数が作れてしまいます。では、3912657840の何がすごいのか。

まず、この数は1～9で割り切れる数となっています。このことは、素因数分解すれば自明で、

$$3912657840 = 2^4 \times 3^2 \times 5 \times 7^2 \times 13 \times 19 \times 449$$

となります。そして、この数はもっと不思議な数で割り切れるのです。

2桁ずつに分けてみましょう。

39 12 65 78 40

2桁の数が5つできました。これらの数で、元の数「3912657840」を割ってみましょう。

$$3912657840 \div 39 = 100324560$$
$$3912657840 \div 12 = 326054820$$
$$3912657840 \div 65 = 60194736$$
$$3912657840 \div 78 = 50162280$$
$$3912657840 \div 40 = 97816446$$

答えを見て気づいたでしょうか。そう、どれも余りを作ることなく、割り切ることができるのです！

それどころか、取り出す2桁の数は隣り合っていればほかの取り出し方も可能です。

3 91 26 57 84 0

と分けて、両端の3と0を除く4つの2桁の数で割ってみても、

$3912657840 \div 91 = 42996240$
$3912657840 \div 26 = 150486840$
$3912657840 \div 57 = 68643120$
$3912657840 \div 84 = 46579260$

と、余りを作ることなく割り切れます！　これは、まさに偶然持っている「3912657840」の性質です。

何かおもしろい性質を見つけた瞬間は、それが果たして偶然のものなのか数学的な背景があるのか、一見すると区別することはできません。

順を追って調べていくと、たいていのものは何か論理立てて説明できるところまでたどり着くことはできますが、ごく稀にここで紹介したような偶然としかいえないものも出てきます。

第2章

日常に潜む“数学”

Q1

数の性質

新幹線の座席はなぜ、通路をはさんで2列と3列になっているのか説明してください。

ほとんどの新幹線は2人席と3人席が通路をはさむ形で分かれています。このような座席配置になっているのは、新幹線の車体の大きさの制限によるものではあるものの、実は、数学的に見ると結果的に便利な構造になっているのです。

解答編

新幹線の「2人席、通路、3人席」の配置によって、「乗客のグループが2人以上のどのような人数であっても、隣接した座席には知人のみが座る状態を作ることが可能になる」からです。

一般的に快適な旅行をするためには、できれば隣には同行者が座っていることが望ましいはずです。たとえば2人で旅行するために座席を予約する際は、2人席に隣り合うように予約したいですよね。もちろん、あまり利用者がいない時期や時間帯の場合は、3人席のうち両端の2つの席を予約し、真ん中の1席は空席にする、という手もありますが、その後、予約が埋まってきて、空席にしたかった1席が埋まってしまうことはあり得るので、そのときは少し気まずいものがあります。とにもかくにも、グループが2人の場合は2人席に座ることで、「隣の座席には知人のみが座っている状態を作ることができる」わけです。

同様に、3人のグループで旅行する場合は、3人ともが隣り合った3人席を予約することができます。次に4人グループの場合は2人席を2つ予約、そして5人の場合は2人席と3人席を1つずつ予約すればよいことがわかります。このように考えていくと、「あらゆる人数のグループに対しても、隣の座席には知人のみが座る状態を作ることができる」ことが見えてきます。

さて、これをもう少し数学的に考えてみましょう。2人席をn席予約するとし、3人席をm席予約するとします。これで、k人分の席を予約するとしたら、以下の式が作れ

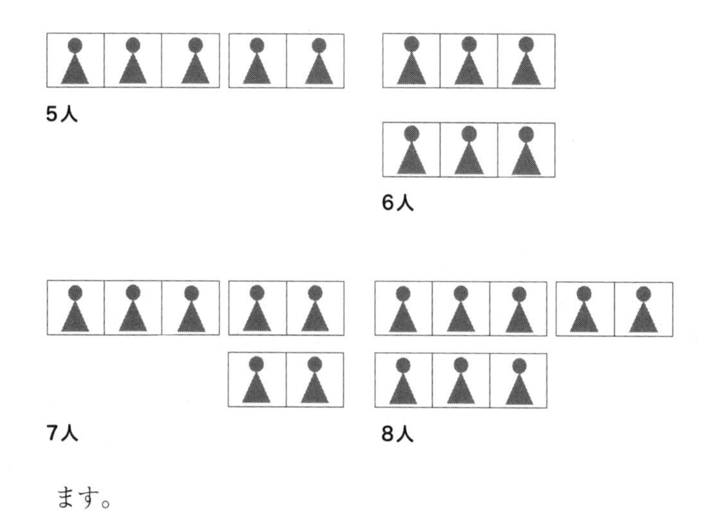

ます。

$$2n + 3m = k \quad (n, m\text{は自然数})$$

このkがどのような数をとるかを考えていけばよいのですが、偶数に関しては3人席を使う必要はなく2人席だけを使えばよいことは自明なのと、また3以上の奇数であれば、3人席を1つ使用し残りは2人席だけで構成すればすべての奇数を作ることができることもわかります。つまり、kが2以上の整数すべてを作ることができ、先ほど述べた「あらゆる人数のグループで隣の席に知人のみが座る状態を作ることができる」ことが数学的にも説明がつくのです。もちろん現実では、新幹線の座席数にも限度がありますから、グループの人数にも上限はありますが……。

ちなみに新幹線以外でも、飛行機でこのような性質が活躍しているケースもあります。飛行機の場合だと、3人席と4人席が主な座席配置として構成されているものがあります。この場合では6人以上の団体客なら、隣の席に知人のみが座る状態を作ることができます。

新幹線で2人席と3人席、飛行機で3人席と4人席の例を挙げましたが、2つの数が「互いに素」でないと、うまくいかなくなります。たとえば飛行機ではときどき3人席のみで構成されているものもありますが、この場合はグループが3の倍数の人数のときのみ、うまく座ることができますが、それ以外のときはうまくいきません。同様に考えて2人席と4人席という組み合わせでは奇数を作ることができず、これもうまくいきません。

この問題は、座席のことだけではなく、たとえば筆記用具などの備品をいくつずつにまとめて保管しておくと便利か、という問題にも役に立ちます。ボールペンを3本ずつと4本ずつにまとめておけば、どんなシチュエーションでもちょうど欲しいだけぴったりの数を持ち運ぶときに便利かもしれませんね。

ただ3本と4本の束という単位も、少し細かすぎるかもしれません。もう少し数の多い束にしてもこの性質がうまく活用できるのなら、活用したいものですね。続いて、この問題を別の視点から捉えたものを紹介しましょう。

発展編 フロベニウスの硬貨問題

「フロベニウスの硬貨問題」という、ドイツの数学者フェルディナント・ゲオルク・フロベニウスにちなんでつけられたこの問題。先ほどは互いに素の数同士であれば、ある数以上においてどんな数でも作ることができる、ということでしたが、このフロベニウスの硬貨問題は、「作ることができない最大の数はいくつか？」という発想の問題になります。

先ほどの新幹線の場合で要素となったのは2人席と3人席でしたが、このときは1人のとき以外の数は作ることができたので、「作ることができない最大の数は1」となります。3人席と4人席の飛行機の場合は、5が最大になります。

「硬貨問題」と名前が付いているとおり、硬貨を使った支払いの場で問題が生じていたのでしょう。たとえば現在でも、ユーロ圏では「ユーロセント硬貨」の種類は1, 2, 5, 10, 20, 50ユーロセントの6種類が使われていますが、おわかりのとおり日本と異なり、「2」という数の硬貨が存在します。ここでこの硬貨問題を考えると、「2ユーロセントと5ユーロセントで作れない最大の金額は3ユーロセント」となり、互いに素の数となる硬貨を組み合わせることで、作れない最大の金額というものが生まれてくるのです。

さて、ここでこのフロベニウスの硬貨問題を一般化してみましょう。「互いに素であるX円とY円の硬貨があったときに、ぴったり支払うことのできない最大の金額はいくらか？」という問題です。

導出方法よりも答えから先に述べると、この最大の金額というのは

$XY - X - Y$

と表すことができます。いくつか試してみましょう。

2と3の場合だと $6 - 2 - 3 = 1$
3と4の場合だと $12 - 3 - 4 = 5$
2と5の場合だと $10 - 2 - 5 = 3$

となり、正しい答えになっていると言えそうです。ただしこの問題を厳密に証明するには、「$XY - X - Y$が作れない」ことと「$XY - X - Y + 1$以上は必ず作れる」ことの2つの命題を証明する必要があります。後半の証明は少し大変ですので本書では省略しますが、前半の証明方法を紹介します。前半の証明は「$XY - X - Y$が作れる」と仮定し、それによって矛盾が出てくることを述べる「背理法」を使うことで比較的容易に証明ができます。実際にやってみましょう。

「XY－X－Yが作れない」ことの証明

いま、

$$nX + mY = XY - X - Y \quad (n, m \text{は自然数})$$

が成立すると仮定すると、式変形により、

$$Y(m + 1) = X(Y - 1 - n)$$

となりますが、ここで右辺はXの倍数であることになり、YはXと互いに素なので$m + 1$はXの倍数となります。また、$Y-1-n$はYの倍数となります。$Y-1-n$がYの倍数ということは、ここからYを引いて（-1）をかけた数$1+n$もYの倍数ということになります。nとmは正の数という条件も踏まえると、$m+1$はX以上の数、$1+n$はY以上の数といえます。つまり、$m \geqq X-1$、$n \geqq Y-1$です。これを先ほどの仮定した式の左辺に代入すると、

$$nX+mY \geqq (Y-1)X+(X-1)Y=2XY-X-Y$$

となり、先ほど仮定した式とは異なる結果を示す式となってしまい、矛盾します。よって最初の仮定の式が成立しないことが示されるため、$XY-X-Y$は作ることができないことがわかるのです。

後半の主張、「$XY-X-Y+1$以上は必ず作れる」についてはさらに踏み込んだ証明が必要になります。ここでは割愛しますが、このように「ある要素を組み合わせて数を作るとき、作ることができない数はいくつか？」という問

題を数学的に捉えることが可能です。

このフロベニウスの硬貨問題について、コインの種類がもう1つ増えるだけで、答えを導出することが急に難しくなることが知られています。「互いに素である3つ以上の数において作ることができない最大の数」を求める公式は存在せず、ある程度の目安となる値を導出することができるまでしかまだ解明されていません。

フロベニウスの硬貨問題ですが、身近な素材なので自由研究の題材として……と言いたいところですが、ちょっと話題を広げると途端にとてつもない時間がかかる問題に変わります。一見こういった単純そうに見える問題にも、手を伸ばせばまだ未解決な問題が眠っているのが、数学の1つの魅力だとも思えます。

Q2

「比」の発想

5円玉を使って月の大きさを測ってください。

いったい何を言っているんだと思う方もいるでしょう。ただ、月も5円玉も丸い形をしていることから、なんとなくどういうことなのか想像がつく方もいるかと思います。

せっかくなので、5円玉をお持ちの方は、ちょっとお財布を開いて、実際に手元に用意してからお読みください。

解答編

実は、満月のときに5円玉を手に持って腕を伸ばし、5円玉の穴から月を覗くと、ちょうど5円玉の穴にぴったりと月が収まるのです。

満月の日以外でも、欠けている部分を頭の中で補いながら試してみれば、気軽に実際に確かめることができるでしょう。

この「月が5円玉の中にぴったり収まる」という事実と、「5円玉の穴の大きさ」「月までの距離」「腕を伸ばしたときの目から5円玉までの長さ」という情報があれば、月の大きさを求めることができます。

5円玉から目までの距離は約55 cm、月までの距離は約38万5000 km、5円玉の穴は約5 mmとなりますが、これらの情報を図に表すと、相似な三角形を作ることができます。

5円玉の穴の直径を底辺とし、両端の2点から目までを結ぶ二等辺三角形と、月の直径を底辺とした、両端の2点から目までを結ぶ二等辺三角形同士が、相似の関係となっています。

もちろん比率は正確ではありませんが、

〈月－腕の先の5円玉の穴－目〉

の間の相似形が描けます。

ここから、相似比を使って月の直径を求めることができます。

38万5000 kmは、55 cmのおよそ7億倍。つまり「5円

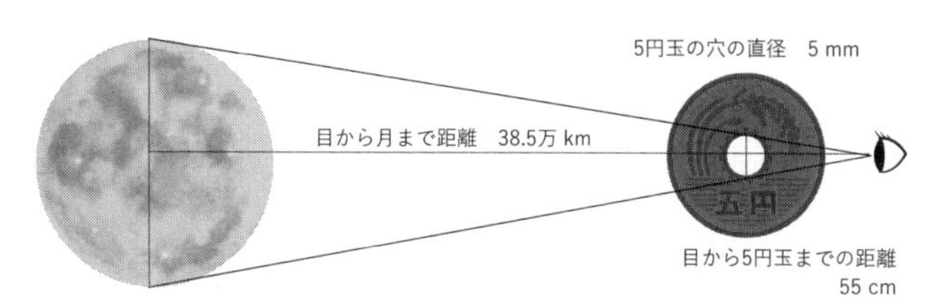

玉から目までの距離」と「月から目までの距離」は7億倍違うことになります。ここから、5円玉の穴の大きさの7億倍の大きさが月の大きさとなり、およそ3500 kmであることがいえます。

実際のところ、月の直径は約3475 kmとされており、ほぼ正確な数字を求めることができました。

信号機までの距離は？

この「5円玉の穴の大きさを使って巨大なものの大きさを測る」という技術、ちょっと工夫をすると、ほかのことにも応用を利かせることが可能です。

5円玉から目までの距離は約55 cm、5円玉の穴は約5 mmということに注目し、二等辺三角形の底辺と高さの比を55：0.5 = 110：1と捉えて、これを利用してみましょう。

たとえば、信号機の赤色、黄色、青色の電球の部分の大きさは直径30 cmです。この事実と、先ほどの底辺と高さの比「110：1」の比を使うことで、次のことを求めることができます。

「5円玉を持って腕を伸ばし穴から覗いた状態で信号を見たときに、すっぽりと信号の電球が収まるのならば、自分がいる地点から信号からの距離は約33 m」

果たしてこの知識が役に立つのかどうか難しいところですが、5円玉が距離を測る道具になりました。

非常に原始的な測り方かもしれませんが、昔の人はこのような相似の原理を使って距離や高さを測っていました。ぜひ、今度外を歩く際にはお試しくださいませ。

発展編 A4とB4、面積の比率は？

今度はA4とB4サイズの用紙をご用意ください。

A4とB4サイズの用紙、大きさはB4サイズのほうが大きいことは、2つの用紙を重ねてみることで理解できると思います。では、A4とB4の用紙、これらの大きさの比、つまりは面積比はどの程度になるでしょうか。少し考えてみてください。

いちばん単純に考えられる方法として、それぞれの用紙のサイズを測って面積を求めることもできますね。実際にサイズを測ってみると、A4サイズの用紙は210 mm × 297 mm、B4サイズの用紙は257 mm × 364 mmとなります。

たしかにこれでだいたい求めることはできますが、それではちょっとおもしろみがなくなってしまいます。この計算方法での結果はいったん置いておいて、これからエレガントな求め方をご紹介しましょう。

A4サイズの用紙の対角線と、B4サイズの用紙の長い辺を合わせてみてください。すると、なんとぴったり長さが合います！　この事実から、A4サイズとB4サイズの用紙の面積比を求めることができます。図にすると、右のようになりますね。

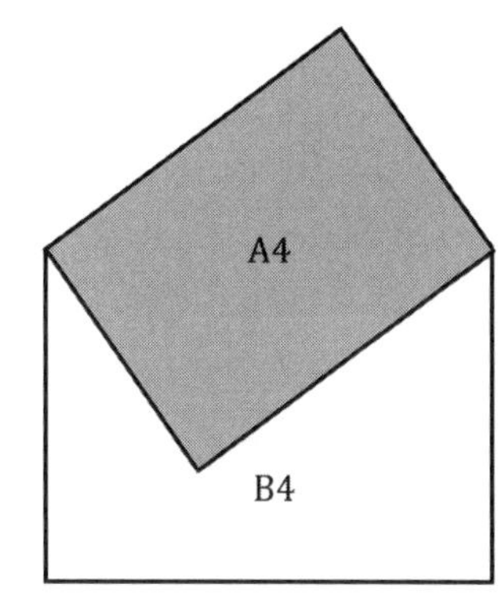

たしかに重なっています！

さて、この図から面積比を求めてみましょう。

通常の規格の用紙は縦横の辺の比が$\sqrt{2}:1$になっていますので、A4サイズの用紙の横の長さを1とすると、縦の長さが$\sqrt{2}$になります。

三平方の定理より、対角線の長さが$\sqrt{3}$であることがわかります。そして、このA4用紙の対角線の長さがB4用紙の縦の長さになるので、横の長さは$\sqrt{3}/\sqrt{2}$になります。

これにより、以下の図のような長さの関係であることがわかります。

これで、それぞれの用紙の面積を求めることができます。A4サイズは$\sqrt{2}$、B4サイズは$\dfrac{3}{\sqrt{2}}$となり、面積の倍率を求めるとA4サイズの$\dfrac{3}{2}$倍がB4サイズであるということが求められました。

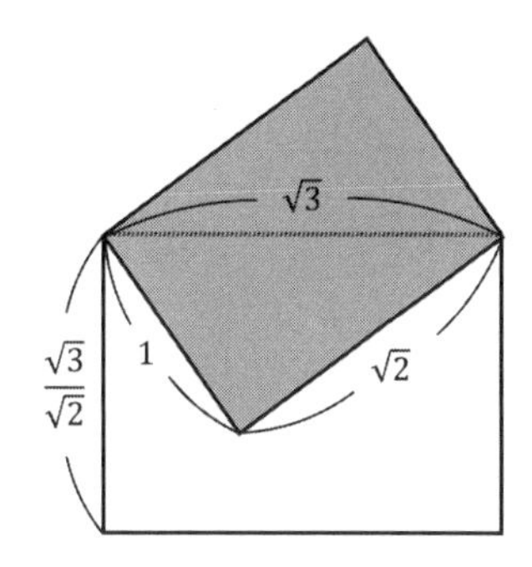

つまり、つねに面積比は1：1.5です。

この話で注意が1つありまして、A4サイズとB4サイズだからこの図で説明ができる、ということです。

ほかのサイズ、たとえばA4サイズとB5サイズだと、このように合わせることはできません。

A4サイズとB5サイズの面積比は、先ほどのA4サイズとB4サイズの比から計算することができます。B4サイズの半分のサイズがB5サイズなので、面積比は1：0.75となります。

これを整数比に直すと4：3となり、A4サイズとB4サイズの面積比とは異なる比になります。

A4サイズとB4サイズ、A5サイズとB5サイズ、といったように同じ数字の規格であればこの方法が使えますので、ぜひ試してください。

Q3

直角二等辺三角形はスゴイ！

定規を使ってサッカーボールの直径を測るにはどうする？

解答編

サッカーボールの直径を測る前に、まず、この問題の主旨を別の視点から考えてみます。そのために問題を別の形にしてみましょう。

いまいる部屋の天井の高さを測るには、どうしたらいいでしょうか？

天井は、ふつう手が届かないため、専門の道具がなければ測ることが難しいです。ところが、複雑な道具を使うことなく天井の高さを測る方法があるのです。

ここで使う道具は「直角二等辺三角形」の形の三角定規。小学校で使った三角定規セットの片一方は、この直角二等辺三角形の定規でした。

この三角形の「直角で交わっている2辺の長さは等しい」という性質を利用すると、以下のように三角定規を目線に合わせることで天井の高さを測ることができます。

三角定規を目線に合わせて、図のように床と水平な向きになるように持ちます。そして、三角定規の斜辺をなぞるように目線を向け、「天井と壁の境目」にぴったり目線の先がくるように立つ位置に移動します。斜辺部分に筒のような

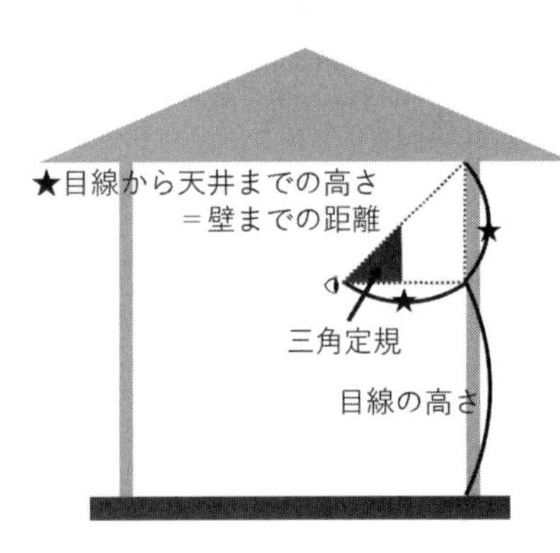

ものをとりつけてのぞき込むようにすると、より正確に「境目」を見つけることができます。
「境目」の位置まで移動することで、「目線から天井までの高さ＝壁までの距離」という関係式が作れるので、立っている位置から壁までの距離と、自身の目線の高ささえ測ることができれば、天井までの高さを計算することができます。

これまでの経験上、慣れてくると誤差は10％程度で済むようになってきますので、ぜひ、何度か試してみてください。三角比を利用すれば、この三角定規以外の直角三角形でも、高さを測ることができます。

さて、問題に戻りましょう。手は届くけれども測るのが少し難しい形として代表的なものが「球」の直径です。

巻き尺のように曲げて測る道具があれば、円周がわかるので、円周率で割れば直径が導けます。また、ちょうどぴったり入る箱などがあったりすれば、その箱の大きさを測ることで求めることができます。

ですが、この問題は「定規を使って」と聞いています。

実は、サッカーボールの大きさ程度であれば、50 cm程度の定規1本あれば、測ることができます。その測り方とは、以下の方法です。

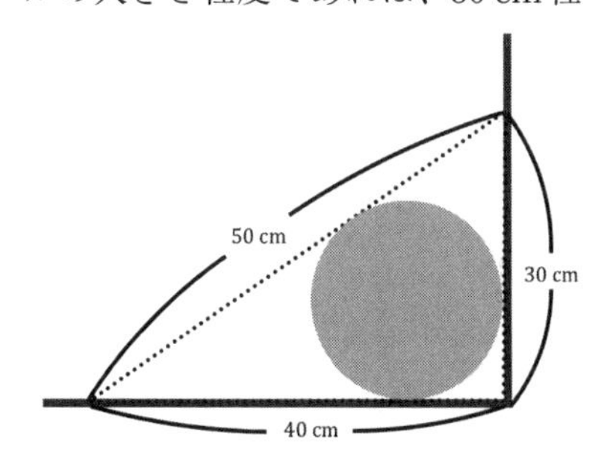

壁の角にボールをあて、定規を斜めに

当て、直角三角形を作ります。その結果、前ページの図のような数値を得ることができたとします。

ここで、ボールを「三角形に内接する円」として考え、その三角形の面積を2種類の表し方で求めることで、ボールの直径を計算することができるのです。

まず、底辺×高さ÷2で三角形の面積を求めると

$$30 \times 40 \div 2 = 600\ \text{cm}^2$$

となります。そして、下の図のように球の中心から3辺に対して垂線を引き、中心から3つの頂点に対して直線を引くと、3つの三角形を作ることができます。

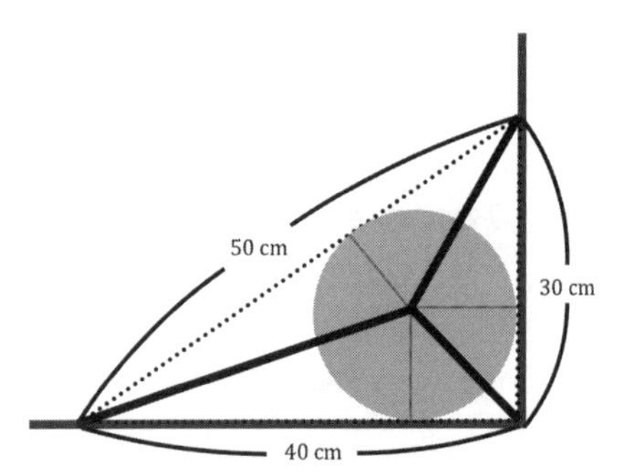

この3つの三角形の面積の合計は、最初に600 cm²あると計算できた三角形の面積と同じです。そしてそれぞれの三角形の面積は、球の半径を使って表すことができます。つまり、球の半径をrとすると、

$$50 \times r \div 2 + 40 \times r \div 2 + 30 \times r \div 2 = 60r\ \text{cm}^2$$

と表すことができるので、先ほどの式と合わせると

$$60r = 600 \quad \to \quad r = 10\ \text{cm}$$

よって半径が10 cm、直径が20 cmのボールであると求めることができます。

Q4

「カタチ」には数学がある

東京タワーの骨組みが三角形になっている理由を説明してください。

解答編

円柱は、上から見ると「円」の形に見え、横からみると「四角形」に見えます。三角柱は上から見ると「三角形」で、横から見ると「四角形」に見えます。このように違う視点で見てみると、違った形で見えるものはたくさんあります。

視点を変えると見えてくるもの、少し発想を変えるだけでわかることを紹介します。

マンホールのふたはなぜ丸い？

マンホールのふたが丸い理由は複数あります。たとえば「円形の製品は比較的作りやすい」こと。マンホールのふたは金属を溶かしたものを固めて作るのですが、四角よりも円のほうが角がないぶん金属のムラがなく成形しやすい、といわれています。もちろん製作技術が高くなっている現代、その必要はほとんどないとは思いますが、これが円形になった理由の1つだそうです。

また、円を数学的にみた性質である「中心を通る任意の直線を引いたとき、円を通過する線分の長さは常に一定(つまり、その直線は直径となる)」というものを考えると、「転がしやすいので持ち運びに便利」といった性質や、「マンホールにふたが落ちることはない」といった性質がわかります。この利用における利便性や安全性が、マンホールのふたが円形になった大きな理由です。

ルーローの三角形

ロータリーエンジンや四角い穴を開けるドリルに、数学的な性質を利用しているものがあります。それは、正三角形が少し膨らんだような形。これには、「ルーローの三角形」という名前がついており、おもしろい数学的な性質を持っています。三角形以外にも、五角形を少し膨らませた形は「ルーローの五角形」といったように、さまざまなルーローの多角形を作ることが可能です。

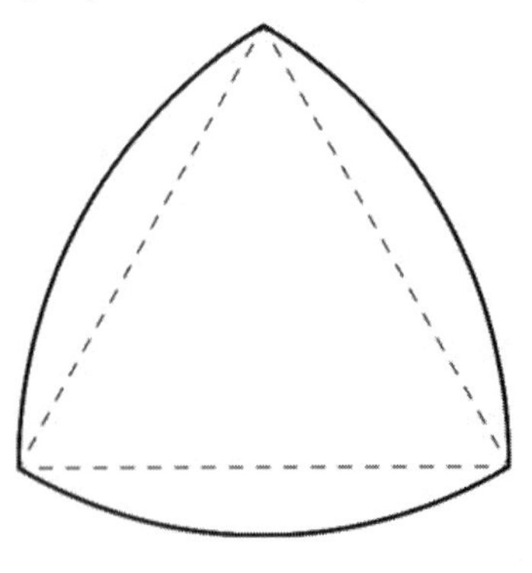

ルーローの多角形は、回転させても、常に高さと幅が一定になります。つまり、下の図のようにぴったりと正方形に入れて回転させることが可能になります。

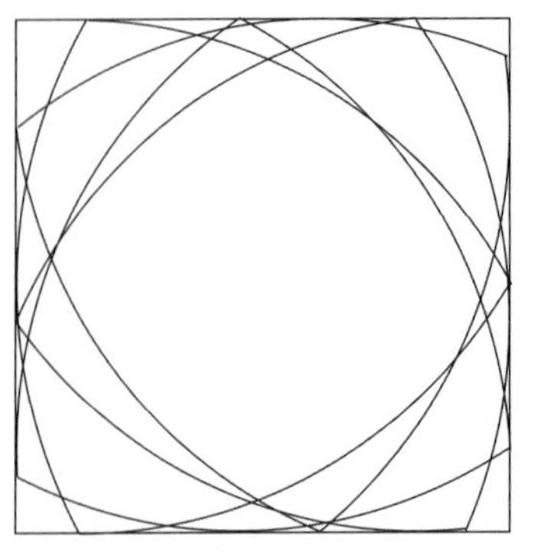

この性質を活かして、エンジンやドリルが機能しているのです。

東京タワーの骨組みのヒミツ

それでは、問題の東京タワーの骨組みを見てみましょう。たしかによくよく見てみると三角形になっています。

このような三角形の骨組みを採用した建造物は、ほかにもたくさんあります。学校の体育館の天井にも、この三角形の骨組みがありました。筆者自身、小学生のときになぜ骨組みが三角形になっているのだろうと天井を眺めながら考えたことがありますが、中学生のときになぜこの形をしているのかを数学的に理解しました。

そこには、三角形の成立条件、合同条件が潜んでいるんです。

三角形の合同条件のなかに「3辺の長さがそれぞれ等しければ、その三角形同士は合同である」というものがあります。言い方を換えると「3辺の長さを決めると、三角形の形は1つに定まる」ともいえます。

これを建築物にあてはめると、

「三角形の形が1つに定まる」

↓

「骨組みを三角形にすることで、形が1つに定まり形が安定する」

ということです。

一方、骨組みを四角形にすると、安定しないことがわかります。「4辺の長さを決めても、必ず同じ四角形になるとは限らない」のです。むしろ、4辺の長さがそれぞれ等しい四角形は無限に作ることができます。

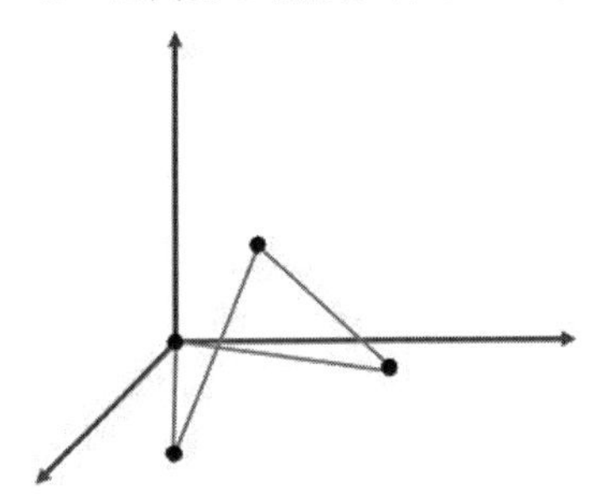

また、4辺の長さをそろえても、そもそも平面にならないケースもあります。まさに図のようなケースです。

つまり、「4辺をつないだ図形で建造物の骨組みを作ろうとすると、形が変わってしまい不安定な建造物になってしまう」ということがわかるのです！

「3点をとるとその3点によって作られる図形が1つに定まり、3点とも同一平面上になるが、4点をとると必ずしも同一平面上にならない」という性質は、4本脚の机がガタガタする話に関連します。

脚の先端が同一平面上にないときに、机がガタガタします。つまりは、脚の長さが1mmでも異なっていたり、床が1mmでも傾いているところがあったりすると、平面（床）に接することができる点（脚）は3本だけになり、浮いている1本脚のところに力をかけると「ガタッ」と傾きます。

これが、机がガタガタする理由なのです。

かといって3本脚の机にしてしまうと、脚がない箇所に力をいれてしまうと倒れてしまいますし、天板を三角形にしてしまっても使い勝手が悪くなってしまいます。

安全性・利便性により、机は四角形で四本脚が主流となっているのです。

Q5

フェルミ推定

日本にコンビニはいくつあるのか？

解答編

ざっくり計算する「フェルミ推定」

突然ですが、99×99はいくつでしょうか。計算が得意な方は、暗算で答えにたどり着けるかもしれませんが、そうでない方は筆算で紙に書いて答えを求めるでしょう。

では、質問を変えて、「99×99はおよそいくつでしょうか」ならばいくつと答えますか。

「およそ10000くらい」と答える方がもっとも多いはずです。つまり、99を100として、100×100をして「およその数」を求める方法です。99×99＝9801なので、その差は199だけ、割合でいうと10000÷9801≒1.02と約2％の違いとなります。正確な値まで求める場合はこの答えは不正解となりますが、日常のさまざまな場面でこの精度で十分となることは多くあります。

算数や数学の単元でも「およその数」や「概算」として存在するこの手法ですが、さらにこの手法を日常および特にビジネスシーンで応用する発想が「フェルミ推定」と呼ばれるものです。

ちなみに「フェルミ推定」の由来はノーベル物理学賞を受賞した物理学者エンリコ・フェルミに由来します。フェルミは以下で紹介する計算を得意としていたそうです。

フェルミ推定とは「いくつかの情報をもとに論理的に数量を推定する手法」のことで、その求めたい量が直接調べることができないもののときによく活躍します。フェルミ推定自体は数学の分野というわけではありませんが、欧米では思考力を身に着けるために学校の授業で扱われることもあり、答えにたどり着くためには数学の知識を要するものです。
それでは、この考え方をもとに「日本のコンビニの数」をざっくり計算してみましょう。

日本のコンビニの数は？

なんとなく直感的に「○○軒」と答える人もいるかもしれませんが、直感だけではなくいくつかの根拠を元に答えにたどり着くのがフェルミ推定のポイントです。
たとえば、「人が多く集まる都市部には500 m四方に1軒くらいの間隔である（ような気がする）」という経験上の根拠を活用してみます。つまり、都会においてコンビニは0.25 km^{2}に1軒はある、という計算になります。
さらに、「田舎にはその10分の1くらいしかコンビニがない気がする」という根拠から、2.5 km^{2}ごとに1軒しかない、という計算ができます。
この経験による概算に加え、「日本における都会と田舎とほとんど人が住んでいない地域の割合」と「日本の国土面積」があれば計算することができます。
「都会：田舎：ほとんど人が住んでいない地域の比率」を「1：9：20」（日本において森林が7割、という情報からおおまかに試算）、日本の国土面積を37.8万km^{2}としましょう。
すると、このような式を立てることができます。

$$378000 \times \frac{1}{30} \div 0.25 + 378000 \times \frac{9}{30} \div 2.5 = 95760$$

このフェルミ推定の計算結果によると、約9万6000軒あるという結果になりました。実際のデータによると約5万7000軒。だいぶ差があるように感じる方もいるかもしれませんが、フェルミ推定の精度の目安は「桁数があっていればOK（もう少し極端にいうと正確な数の1/5～5倍の範囲で収まれば上々）」ともいわれています。したがってこの計算結果はある程度正確に求められているということになります。

フェルミ推定のおもしろいところは、答えが1つに定まらない（もちろん1つの値を目指して算出していくことには変わりありませんが）うえに、導出方法も1つとは限らないところです。

日本の人口から概算すると

先ほどのコンビニの数の計算を例に、ほかの計算方法も考えてみましょう。日本の面積を基準に求めましたが、人口を基準に考えてみると次のように求めることができます。

1日1回、日本に住む5割くらいの人がコンビニを利用するとします。都市部のコンビニでは1分に1回くらいのペースで会計が行われ、田舎では10分に1回くらいのペースで会計がなされるとすると、都市部のコンビニ利用者は24時間（＝1440分）の間に1440÷1＝1440人、田舎では1440÷10＝144人が利用するとなります。都市部と田舎のコンビニの数はそれぞれ同じだと仮定すると1店舗あたりの平均利用者数は（1440＋144）÷2＝792となり、日

本の人口を1億2千万人として、ここから店舗数を概算すると

$$120000000 \times 0.5 \div 792 = 75757.57 \cdots \fallingdotseq 76000$$

となり、先ほど同様正しい答えに比較的近い値を求めることができるのです。

正確な値を求めていくのがよいのか、それともざっくりとした値を求めていくのがよいのかは、もちろん求めたい対象、そして時と場合によって異なります。フェルミ推定は、日常のなかでも使える場面が多いので、ぜひいろいろなケースで試してみてください。

発展編 円周率や地球の大きさの「正確な値」を求めて

より精度の高い答えに近づくため、人間はさまざまな値を求めてきました。数学の技術を活用して徐々にその値を正しい値に近づけていった話は非常に興味深いものです。

ここでもいくつかの例を取り上げていきましょう。まずは代表的なものとして「円周率」の値です。

円周率とは簡単にいえば「円周の長さは直径の何倍か」を表す値です。古くから、円周率は「直径の3つと少し」であることがわかっていました。円形の対象物に対して紐やメジャーなどを活用しうまく測れば「3.15くらい」であることまでは求めることができます。

測るのではなく計算をしてより細かい値まで求めた最初の人物として有名なのはアルキメデスです。彼は「多角形

を円に内接させる」という方法を使って、円周率は約3.1408から約3.1429の間であることを求めました。

小数第2位までは正確な値、というのは現代の私たちからすれば全然まだまだ、と思えるかもしれません。しかし、アルキメデスの得た値は正九十六角形を使った、非常に丁寧で大変な工程を経て求められたものです。

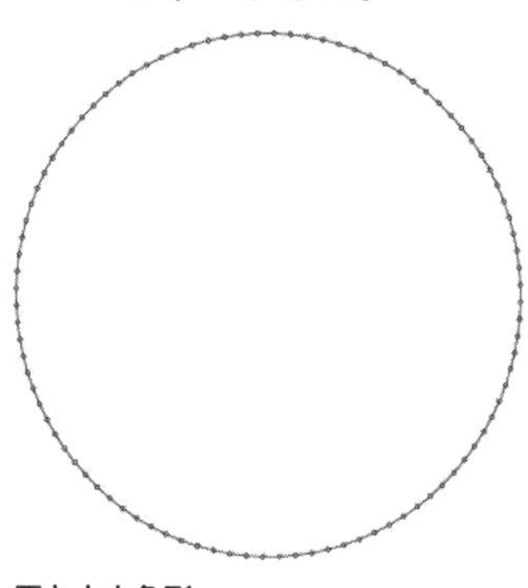

正九十六角形
（わかりやすいように頂点に印をつけています）

16世紀にルドルフ・ファン・コーレンという数学者が、正4611686018427387904角形（「２の62乗」角形＝約461京角形）を用いて、円周率を小数以下35桁目まで正しく計算しています。より正確な値を目指していくことの大変さが伝わってくることでしょう。

その後、円周率を求めることができる計算式が発見され、さらに先の桁まで値を求められるようになりましたが、そこまでの過程には私たちの想像を絶する地道な努力があったのです。

地球の大きさを正確に測るには

はじめて地球の大きさを測った人物もこのような地道な努力を重ねました。紀元前3世紀に、天文学と数学に長けた学者エラトステネスが太陽を利用した方法で地球の大きさを測ります。

エジプトのシエネ（現在のアスワン）で夏至の正午に太陽がちょうど真上にくることに気づいたエラトステネスは、シエネの北にあるアレクサンドリアで夏至の正午に太陽が見える角度、そしてシエネとアレクサンドリアの間の距離を使えば、地球の大きさを求めることができることに気がつきました。

たとえば、シエネからアレクサンドリアまでの距離が1000 km、アレクサンドリアでの太陽の傾きが6度だった場合、1000 kmを360 ÷ 6 = 60倍した6万kmが地球の大きさ（1周の長さ）となります。

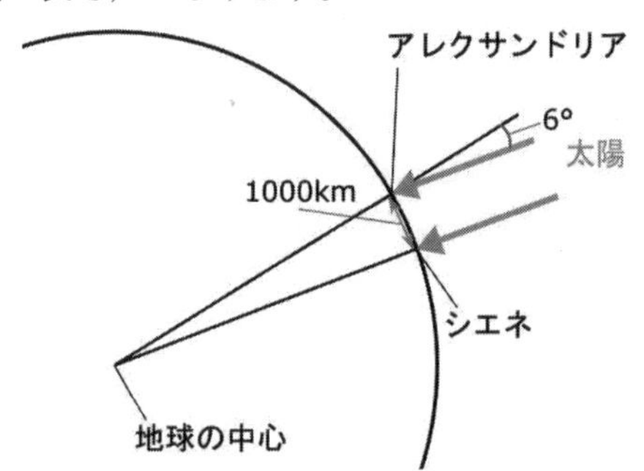

※図中の値は説明のためのもので実際の距離、エラトステネスが計測した長さとは異なります。

地球の大きさを計算する概念図。6度は地球1周360度の1/60なので、60倍すれば地球1周の長さが求められる。

エラトステネスは実際の計測値を元に、地球の大きさを約4万6000 kmと算出しています（ただし、当時の長さの単位が地域により若干異なっていたので、もう少しずれていた可能性もあります)。

とはいえ、実際の地球の大きさは赤道周長で約4万75 kmなので、精度としては約15％の誤差です。今より2000年以上前の世界でこれだけの値を得たことは、とてつもない努力の結果といえるでしょう。人類はそこから長い期間をかけて、地球の正確な大きさを求めていきました。

Q6

万年カレンダーのヒミツ

2つの立方体で、カレンダーの「日付」をすべて表すための、立方体の数字の組み合わせは？

解答編

「日付」にまつわる数学パズル

日付にまつわる数学の問題といえば、カレンダーを使ったものがあります。カレンダーに書かれた数の規則性に関する問題を中学数学の文字式などで扱うことがあり、記憶に残っている人は多くいることでしょう。

月	火	水	木	金	土	日
		1	2	3	4	5
6	7	8	9	10	11	12
13	14	15	16	17	18	19
20	21	22	23	24	25	26
27	28	29	30	30		

たとえば図の枠線でくくった数の和は真ん中の数の5倍になることを、文字式を使って証明する、という問題です。こういった普通の形状のカレンダーとは別に、おもしろい形状でパズルの題材になるカレンダーを紹介します。

万年カレンダーというものをご存じでしょうか。名前のとおり、万年、つまりいつまでも使えるカレンダーです。

次ページの上の写真のように形状として通常のカレンダーのような形をしているものもあり、違いは記載された日の多さや、曜日の部分が動かせるということ。曜日をずら

していくことで、あらゆるパターンの曜日を再現できる、というものになっています（ただし、この形状のカレンダーだと、30日で終わりのものでも31日まで表示されてしまうのが唯一の懸念）。一度用意したら買い替える必要もないので、非常に便利です。

立方体で日付を表現するには！

さて、問題となる万年カレンダーは立方体の形状をしたものです。

写真からも想像できるように、立方体の各面に数字が書かれており、立方体の向きを変えることでさまざまな数を表示する、というもの。さて、ここで1つおもしろい疑問があります。

「万年カレンダーの立方体の各面がどういう数字の並びであれば、あらゆる日付を表示することができるのか？」

いっぺんにすべてを考えるとややこしくなるので、まずは日だけに注目してみましょう。つまり「日を01から31まで作ることができるか？」という問題になります。

立方体の面の数が6個あり、日は2つの立方体によって作るので12種類の数字を使うことができます。0から9まででで10種類、そこからゾロ目の日を考えると11日、22日で1と2を2回使うことを踏まえるとこれで12種類ぴったり、完了！　と言いたいところですが、実はそう簡単にはいかないのです。小さい順に数字を立方体に当てはめていくと、

A	B
0	6
1	7
2	8
3	9
4	1
5	2

左のように並べることができます。この立方体だと01日、02日は表すことができるのですが、03日を表すことができません。ほかにも04日、05日そして30日を表すことができないのです。さて、これを表示するためにはどうすればよいのでしょうか。0の位置をAからBに変えるなどすればすむかといったらそうでもなく、3や4などを増やそうとすると他の数字をなくす必要があり、そのなくした数字を活用した日が作れなくなってしまいます。

一見、手詰まり感はありますが、以下のように作ることで解決します。

A	B
0	6
1	7
2	8
3	0
4	1
5	2

これでたしかに先ほど表示できなかった日は表示できるようになっていますが、実はこの組み合わせだと9をなくしていて、19や29が表示できなくなっています。しかし、ここでまさかの発想「6をひっくり返し

たら9になる」という性質を活用して9を表現することで解決します。数字の形がこのようにひっくり返したら別の数字になる、という組み合わせがなかった場合、実現できなかった方法で立方体タイプの万年カレンダーは成立しているのです。

ちなみに月を表示できるバージョンの万年カレンダーもありますが、月に関しては01から12となるので、

A	B
0	6
1	7
2	8
3	9
4	0
5	1

という組み合わせで作ることが可能となります。ただ、わざわざ日を表す用と月を表す用で数字の組み合わせを変える必要性もありません。物にもよりますが、だいたいは同じ組み合わせで万年カレンダーを作っています。

非常に美しい構造になっている立方体型の万年カレンダー、唯一の弱点（曜日も立方体で表すタイプのものの場合）は曜日の表示。曜日は7種類、立方体は6面、そして曜日の漢字もひっくり返してどうにかなるものではないので……ほとんどの万年カレンダーは、土曜日と日曜日を同じ面に記載し、上下の置く向きで調整しています。何かよい解決方法があればと、筆者も方法をときどき考えますが、まだ納得のいく方法は見つかっていません。

Q7

放物線と楕円と双曲線

パラボラアンテナの形状として、通常使われている図形は、1～3のどれでしょうか？

1：放物線
2：楕円
3：双曲線

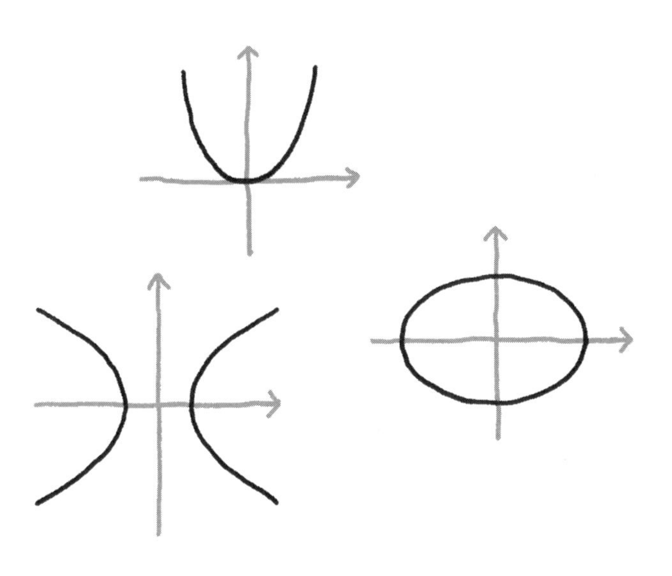

解答編

まずは、いきなり正解をお知らせします。答えは、「放物線」です。

では、なぜ放物線なのか。その説明の前に、放物線の特徴をおさらいしましょう。

放物線の意外な共通点

放物線と言われて何をイメージするでしょうか。漢字の意味を考えれば、「放った物の線」と読めるように、物を投げたときにその物が通る軌跡が放物線の形を描きます。物を投げた軌跡がこのような形になる理由は「重力」が影響していますが、その説明はここでは割愛します。

放物線は式で表すと「$y = x^2$」のようにxの2乗を含み、x^3やx^4など2乗より高次の項を含まないため、一般式としては「$y = ax^2 + bx + c\,(a \neq 0)$」と表すことができます。この式で表される式は二次関数とも呼ばれます。

この放物線に関する興味深い特徴を紹介していきましょう。

図に、3つの放物線を描いてみました。この放物線たち

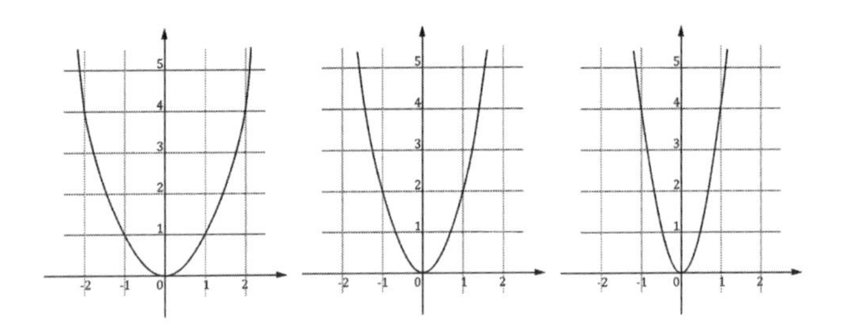

を眺めていて何か発見がありますでしょうか。

それぞれ原点を通り、左から右に向かって放物線の横幅が細くなっているように見えます。ちなみにこれらの放物線は左からそれぞれ「$y = x^2$」「$y = 2x^2$」「$y = 4x^2$」という式で表されます。

3つの放物線を拡大・縮小すると……

では、この3つの放物線を以下のように並べてみるとどうなるでしょうか。

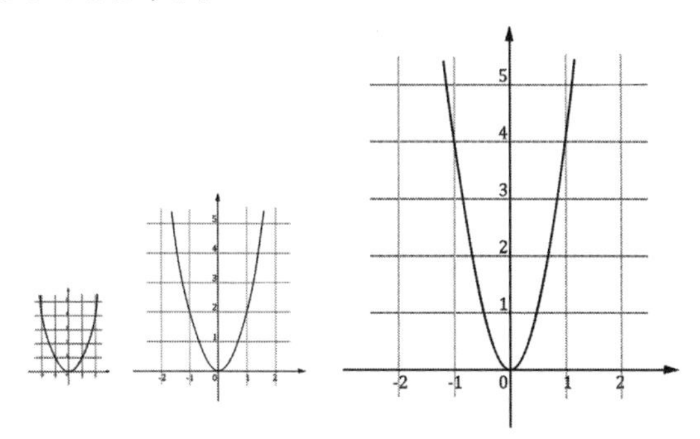

先ほどの図の放物線の大きさを拡大・縮小しただけなのですが、よく見比べてみるとある共通点に気づくかもしれません。

実は、原点で合わせて重ねると、3つの放物線がぴったり重なります。つまり「式が異なる放物線は、拡大・縮小をすることでぴったり重ねることができる」ということになります。これはどういうことなのでしょうか。

実は「すべての放物線は相似である」という性質が放物線にはあるのです。そう、すべてです。このことの証明自体は数学についてある程度知識があれば理解することはそこまで難しくはありません。

たとえば、

1. すべての二次関数（放物線）は平行移動および対称移動で「$y=ax^2(a>0)$」の式に変換することができる。
2. 2つの放物線（A：$y=ax^2$ とB：$y=bx^2$）を考えて、放物線A上の点（X, aX^2）を原点を中心にa/b倍すると（$a/bX, a^2/bX^2$）となり、これは放物線B上の点となる。
3. Xの取りうる範囲はすべての実数とするとき、B上に移したときの点a/bXもすべての実数をとるので、Aをa/b倍することでBに重なることがいえる。
4. よってすべての放物線は相似といえる。

という流れで証明ができます。

また、厳密性は欠けますが、中学生でも理解できる簡単な説明の方法もありますので、それも紹介しておきましょう。

直感的な放物線の相似の説明

右ページの図の2つは完全に同じ形の放物線に見えますが、それぞれ$y=x^2$と$y=2x^2$です。2つの違いは、座標の幅のとり方で、ひと目盛りを1としているか2としているかです。

ようするに、ある放物線を描いたあと、座標の幅をどうとるかで、どのような放物線を表すことも可能になるのです。ということは、すべての放物線は同じ形であることがいえて、やはり相似であることがわかるのです。

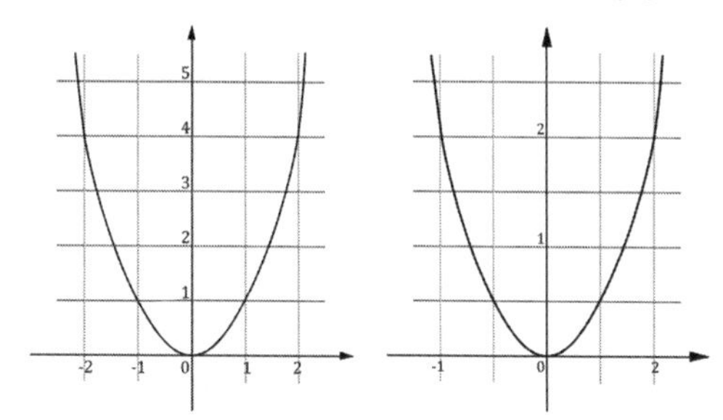

この事実を知っていると、放物線に対して見方が少し変わるのではないでしょうか。さらにもう少し別の視点で放物線を見ていきましょう。

パラボラアンテナが放物線である理由

さて、放物線が相似であることについて説明しましたが、ここからは放物線を活用している技術を紹介します。

それは、テレビの電波などを受信する際に活用される「パラボラアンテナ」です。パラボラアンテナは放物線の形をしている、という話はみなさんもご存じかもしれません。

ですが、なぜ放物線の形をしているか、その理由まで詳しく説明できるかというと意外と難しいものです。

ちなみにパラボラアンテナは英語表記で「parabolic antenna」です。「parabola」は放物線という意味なので、パラボラアンテナはそのまま「放物線型のアンテナ」という意味になります。

パラボラアンテナは断面が、放物線の形になります。この構造が電波を受信しやすくするのですが、そこで放物線の「焦点」と呼ばれる場所が鍵となります。

実は、$y = ax^2$ に真上（y 軸に平行の向き）から物を当てたとき、跳ね返った物体は焦点Fを通ることになるのです。放物線のどこに当たったとしても、必ずFに向かって跳ね返るのです。

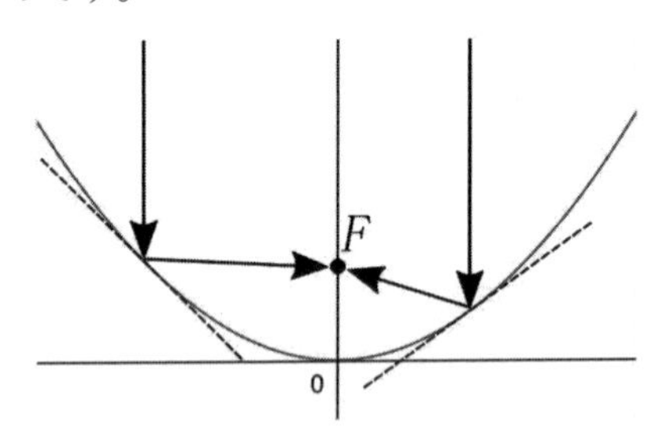

跳ね返る向きは放物線とぶつかった点において「接線」とその物体のなす角と等しい角で跳ね返ることになります。

このFの点に、電波を受信するセンサーをつけることで、パラボラアンテナは効率よく電波を受信します。

これでパラボラアンテナの中心から飛び出た部分の意味が理解できるのですが、身近にあるパラボラアンテナを見ると、少し頭を悩ませることになるかもしれません。

実は家庭用の衛星放送用パラボラアンテナの多くは、真ん中から明らかにズレたところに受信した電波を集める機器があります。オフセットパラボラアンテナと呼ばれる形状なのですが、この名前を聞いて勘がいい方はどういう形状であるかわかるかもしれません。

パラボラという名前がついているから、放物線であることは変わりありません。ただ、放物線のなかから切り出している部分が少し異なるのです。

切り出している部分が異なれど、放物線の性質は変わりありません。同じく焦点に電波を集めることができるため、問題なくパラボラアンテナとしての機能を果たします。

楕円と双曲線を使ったパラボラアンテナ

ちなみに、パラボラアンテナの種類はいま挙げた2つだけではなく、代表的なものにはもう2つほど種類があり、この2つにも数学的な興味深い性質が使われているので、それも紹介していきます。

その前に、放物線の仲間である楕円と双曲線という曲線を紹介しておきましょう。これらは二次曲線に分類され、放物線と同じように「焦点」というものを持っています。

楕円と双曲線は2つの焦点を持ち、楕円は片方から出た

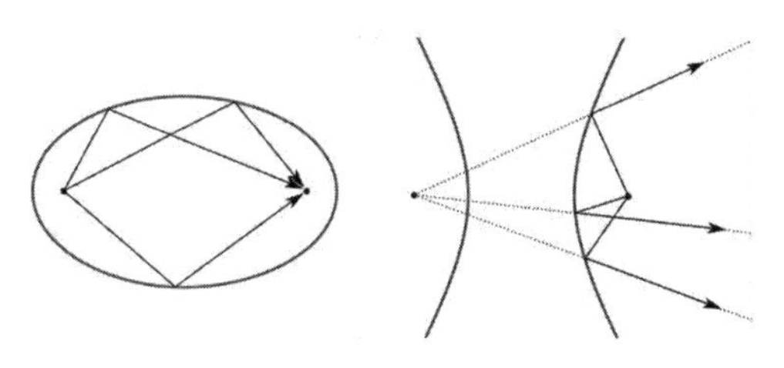

楕円と放物線の焦点から出た光の反射の様子

光や電波がもう片方の焦点に集まります。双曲線は片方の焦点から出た光や電波が、もう片方の焦点から出た光や電波と区別がつかないような反射の仕方をします。

これらの性質を利用して、放物線の焦点と楕円（もしくは双曲線）の焦点が重なるようにパラボラアンテナおよび楕円（双曲線）の反射面を設置すると、電波は楕円（双曲線）のもう片方の焦点に集まることになります。

このようなアンテナはグレゴリアン・タイプ、カセグレン・タイプと呼ばれています。

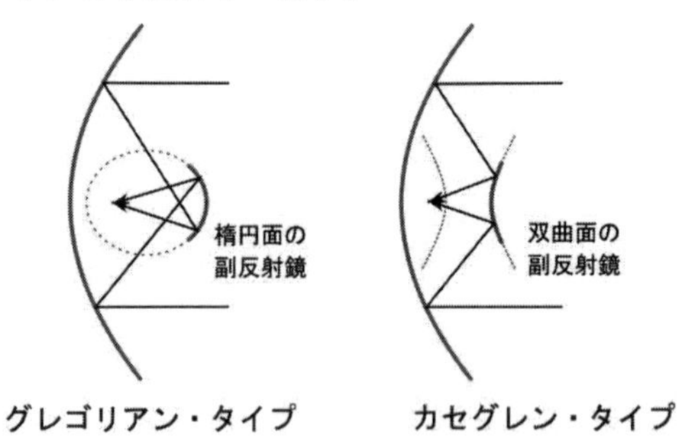

グレゴリアン・タイプ　　カセグレン・タイプ

数学のムダ遣いのように見えるこの技術ですが、パラボラ部分で反射した電波を直接焦点で受信するより、楕円（や双曲線）で反射させてパラボラ部分に近い場所に受信する機械を設置したほうが重さなどでアンテナ全体が歪まないというメリットもあるのです。

Q8

4つの手のじゃんけん

じゃんけんに4つ目の手を加えることにします。

この手は「グー」「チョキ」に勝ち、「パー」に負ける場合、1つだけ不利になる手があります。

それはどれでしょう？

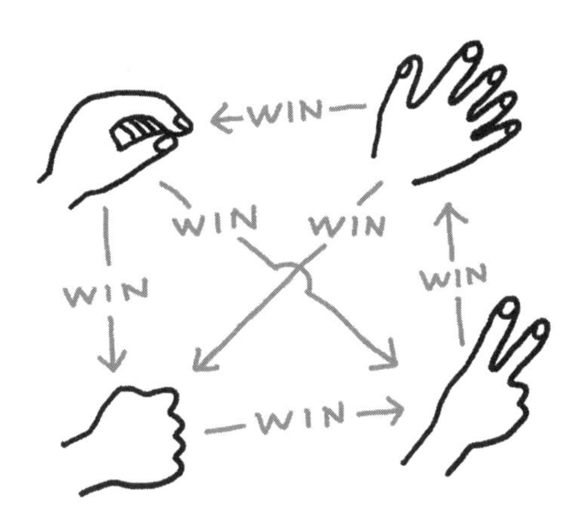

解答編

古典的なゲーム「じゃんけん」を数学的視点を加えて分析していきます。

実は、この問題に登場する4番目の手は、新しく考案したものではないのです。フランスやドイツのじゃんけんでは、グー、チョキ、パーは同じ手の形ですが、「井戸」とよばれる4つ目の手が存在するのです。

じゃんけんの分析

じゃんけんの最大のポイントは、それぞれの手の強さが平等であることでしょう。

総当たり戦をすれば、グー、チョキ、パーの3手ともに、1勝1敗となります。このような状態を「三すくみ」といいますが、4番目の手によって、この三すくみを崩すことができます。

それでは、この4つの手によるじゃんけんの、それぞれの手の強さの関係性をまとめてみましょう。

井戸　：グーとチョキに勝つ
グー　：チョキに勝つ
チョキ：パーに勝つ
パー　：グーと井戸に勝つ

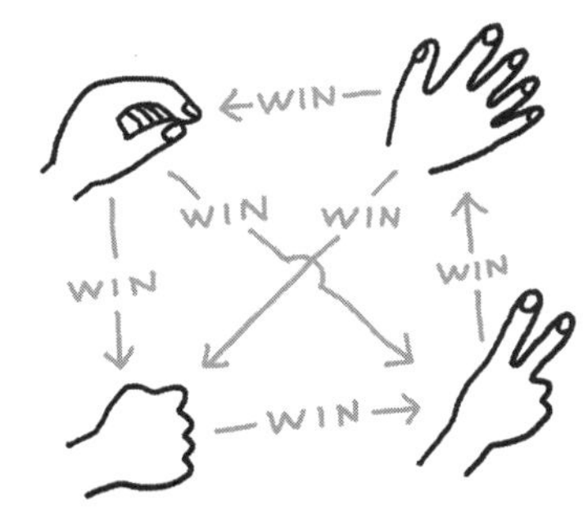

ということになります。

ここで気づく方もいるかもしれませんが、グーと井戸を比較すると、グーの必要性がないことがわかります。

グーはチョキにしか勝てないのに対して、井戸はチョキに加えてグーにも勝てます。ということは、グーを出す必要がなくなり、結果として井戸、パー、チョキの3つの手のみが優先的に出されることになります。

そして、その3つの手だけで見ると、やはり「三すくみ」になっています。

極論をいえば、この「4つの手のじゃんけん」は、グーの手が井戸の手に変わっただけの普通のじゃんけんにすぎないのです。

5つの手があるじゃんけんでは？

この問題を解決するためにはどうすればいいのか。実は、手の数が奇数種類あることで「○すくみ」を実現することができます。

次ページの図のような勝敗の関係にすることで、すべての手の強さが平等となります。さて、拡張することができたとしても、このようなじゃんけんの拡張に意味はあるのでしょうか。

実は、あいこになる確率が減る、という利点がありま

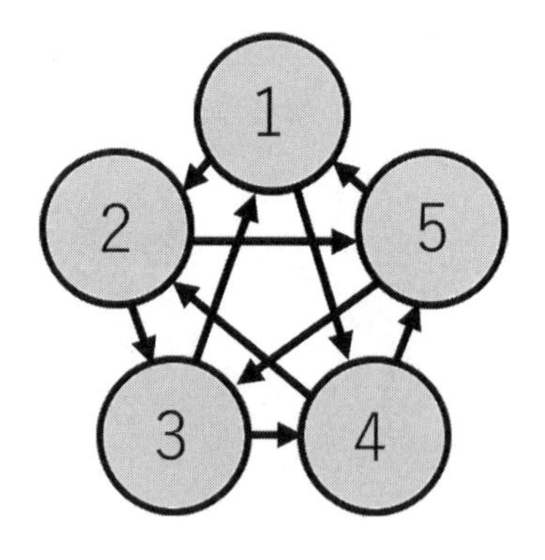

す。たとえば2人でじゃんけんする場合、出される手の種類は5×5の25通り。25通りのうちあいことなるのは5通りだけなので、あいこになる確率が1/5です。一方、3つの手のじゃんけんを2人でする場合は、あいこになる確率は1/3です。

このような利点があるにもかかわらず、5つの手のじゃんけんが浸透しなかったのは手数が多いと覚えにくいし、瞬時に勝ち負けを判定しにくいからでしょうか。こう分析してみると、もう少し5つの手のじゃんけんに市民権があってもいい気がしてくるものです。

コラム　三平方の定理

カーナビはなぜ正確なのか？

2020年、コロナウイルスの影響が学校の学習進度にも及び、いくつかの都府県で高校入試の出題範囲について「縮小」という判断が出ました。

数学においては「三平方の定理」が出題範囲から外れる、という話が出て、数学教育関係者の間で話題となりました。もちろん、出題範囲から外れるだけで授業では取り扱うようにいわれているため、当時の中学3年生が三平方の定理を必ずしも学ばなかったわけではありません。

ですが、それにしても扱いが少し変わってしまったこの定理、せっかくなのでコラムにてその魅力を紹介することで、中学生だけでなく大人にもあらためて「三平方の定理」の奥深さについて知っていただきたいと思います。

三平方の定理の魅力

三平方の定理とは、別名「ピタゴラスの定理」とも呼ばれる、とても古くからある数学の定理です。具体的にはCを直角とする直角

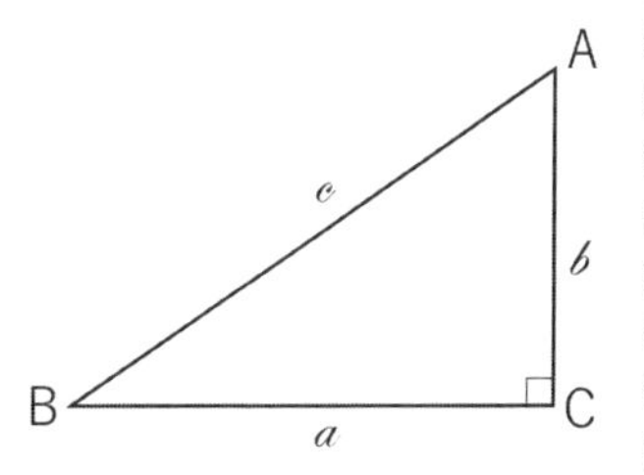

三角形ABCの辺a, b, cについて、

$$a^2 + b^2 = c^2$$

が成り立つ、というものです。

この定理は紀元前1800年ごろにまで遡（さかのぼ）ることができ、当時のバビロニア粘土板に描かれている数がこの三平方の定理のことを指しているのでは、という研究もなされているほど、歴史ある定理なのです。

ここで気になるのが、ならばピタゴラスはいつ生まれたのか、という話。実はピタゴラスが生まれたのは紀元前6世紀なので、ピタゴラスが生きていた時代のはるか昔からこの定理は見つかっており、ピタゴラスがはじめて発見したからこの名前がついたわけではないのです。

ピタゴラスがこの定理の素晴らしさと重要性を特に強く主張したため、彼自身の名前が定理につけられたと言われています。

さて、そんな三平方の定理をもう少し踏み込んで観察してみましょう。直角三角形の辺の長さの正方形を考えると、その正方形の面積で三平方の定理を捉えることができます。

こうやって図で表して理解できるわかりやすさがこの定理の魅力の1つなのですが、注目すべき点はほかにもあります。

それは証明の種類の豊富さ。数百通りもの証明があるとされ、その証明方法が関連する分野も多岐にわた

ります。相似を利用した証明や大きな正方形を利用した証明、三角比を利用した証明など……その方法は多様です。

ちなみに筆者は、折り紙を使って証明を試みたことがあります。

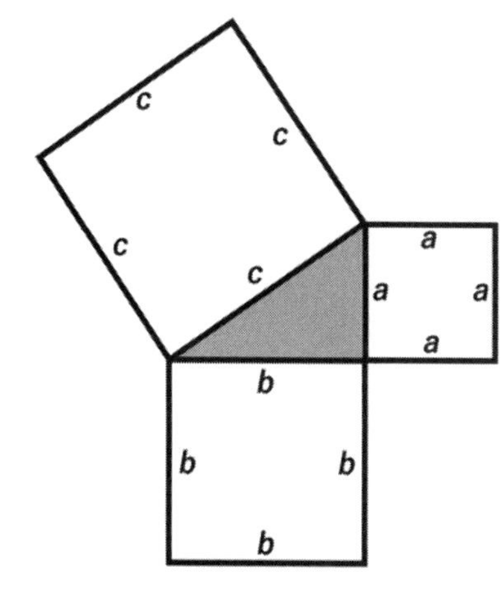

また、この定理は日常への応用もされているので、そちらも紹介しておきましょう。

もっとも古くに応用された事例は、「直角を作る」ということ。農地や建築において直角を作る必要があった際、辺の長さの比が「3：4：5」となるように縄にしるしをつけてそれぞれ角となるように3人が持つと、直角を作ることができます。

時代を進めて現代でも頻繁に使われており、カーナビは三平方の定理の性質を使って精度を高めています。

衛星は自身から地表までの距離を情報として持っています。そして、車が現時点でいる場所から発信した電波が衛星に届くまでの時間によって、衛星までの距離を計算することが可能となります。

この2つの情報により、直角三角形の2つの辺の長さが決定されます。図で示すと以下のようになります。

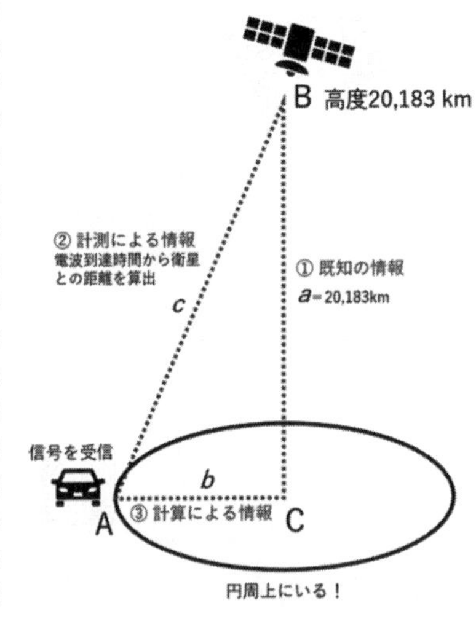

あとは、この2つの情報をもとに三平方の定理に値を当てはめることで、「衛星Bと地球を最短距離で結んだときの地球上の点Cから、車がいる点Aまでどれだけ離れているか」を計算することができます。

この操作を3つ以上の衛星に対して同時に行うことで、車の位置を1つの場所に特定させることができるのです。

非常にシンプルな計算方法ですが、だからこそ、瞬時に道案内や現在地の特定ができているといっても過言ではないでしょう。

第3章

知って役立つ“数学の業”

Q1

「ケーキ分割問題」

四角いケーキを3人で等分するには、どうすればいい？

縦に3等分することもできますが、形が細長くなってしまいイマイチな結果になります。また、側面にチョコレートがコーティングされているケーキだとしたら、真ん中のケーキにはあまりチョコレートが残らない分け方になってしまいますね。

解答編

問題は四角いケーキですが、その前に肩慣らし。丸いケーキを平等に分割する方法を考えましょう。

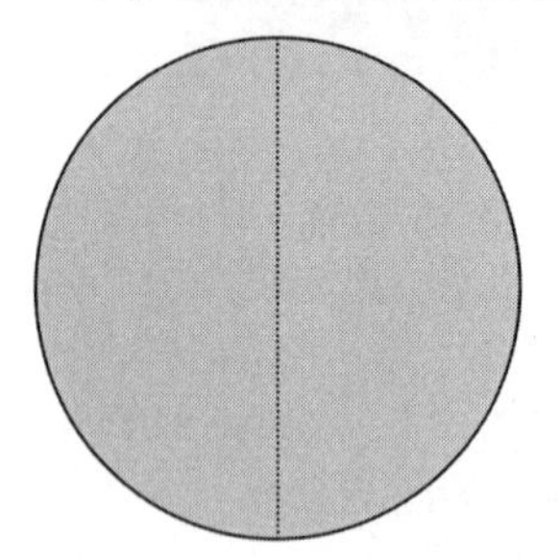

まずは、ケーキを等分する方法について、簡単な条件からまとめていきましょう。ケーキの形を「円」と捉え、種類も上にいちごなどが載っていない、チーズケーキのようなものを考えます。

このケーキを2等分するときは、中心を通るように切ればOKです。

3等分の場合はどうしますか？

中心の角度を120°になるように切れば3等分ができるので、図のようにすれば3等分できますね。ただ、このように切ろうとしても、120°を目で測って切るのは少し難しいです。

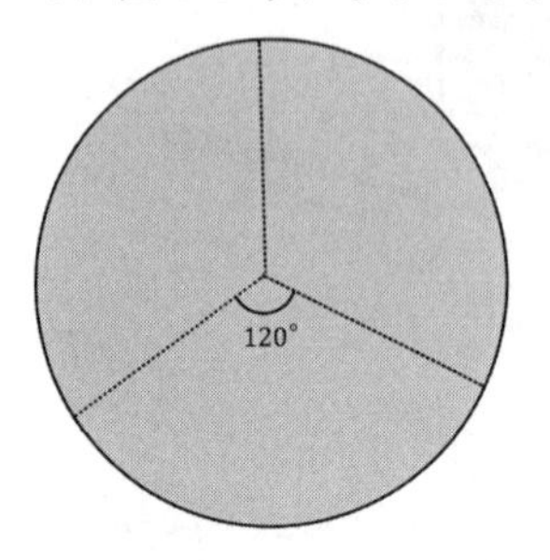

では、どうやったら作図できるのでしょうか？　少し別の目線でこのケーキを見てみましょう。

次の図のように、同じ幅で4分割されるような線を想像します。

この線に、先ほどの3分割したケーキの線を重ねてみましょう。すると、

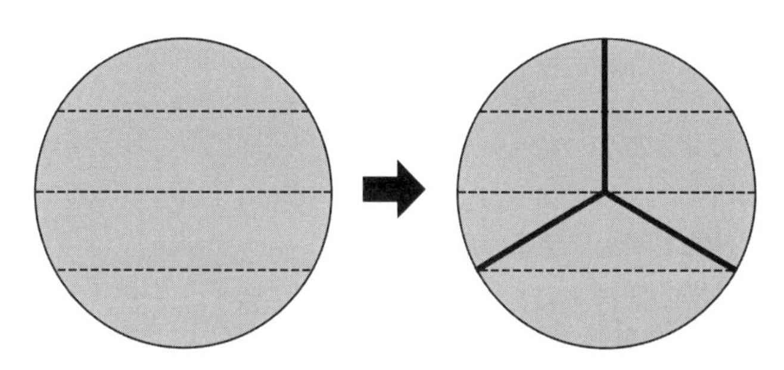

このような図ができあがります。一番下の横線が、太線とちょうど円周上で交わっているのがわかりますね。

つまり、この破線を想像しながらケーキを切っていけば、比較的容易に3等分に近い形で分割することができるようになります！

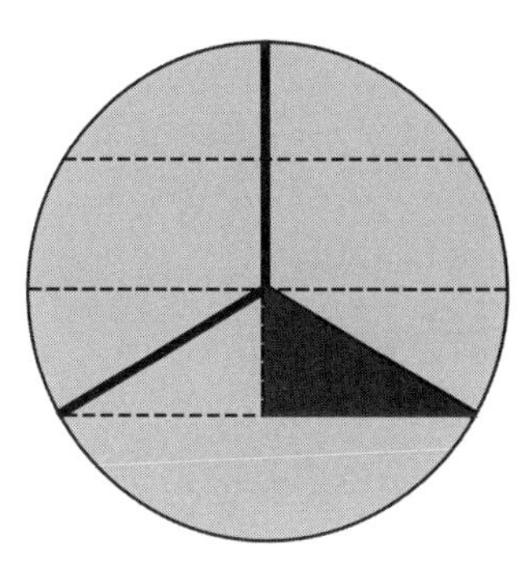

これは偶然重なっているわけではなく、ちゃんとした数学的な理由があります。右のように三角形をとると、長さが「1：2：$\sqrt{3}$」の直角三角形となり、角度は「30°・60°・90°」となります。この直角三角形が横に2つ並んでいるので、ちょうど中心角が120°になるようにケーキを切ることができるのです！

この考え方でいけば、6等分、12等分も容易に作ることができます。ぜひ、試してみてください。

四角形のケーキでは？

では、問題の四角いケーキではどうすればいいのでしょうか。ちょっと切りにくそうな四角形のケーキでの等分方法もご紹介します。

このケーキを3等分や5等分する場合はどうすればよいでしょうか？

では、正解の発表です。

対角線を2本想像し、中心を見定めます。その後、3等分の場合は、以下のようにケーキの周囲の長さを3等分するようにケーキを切ればOKです。

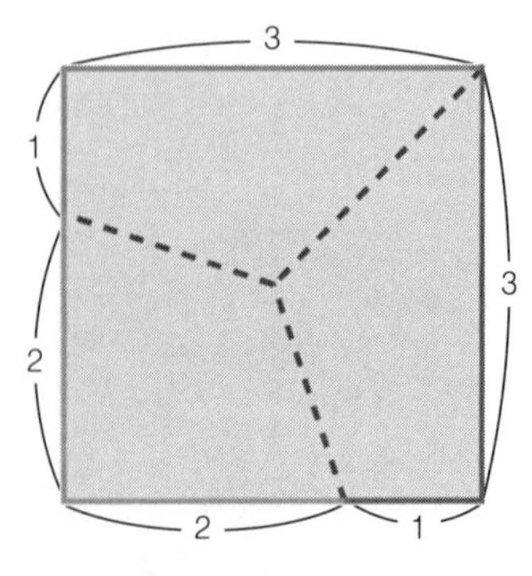

破線で切られた四角形の辺の長さはそれぞれ同じ長さになります。この時点で、コーティングされているチョコレートはきれいに3等分できていることがわかります。

これでうまく3等分できている理由は、さらに補助線（薄い点線）を描き入れることで理解できるはずです。

それぞれ切り取られた四

角の辺を底辺とし、中心までの距離を高さとする三角形が、2つずつできました。それぞれの長さの合計は同じなので、各三角形の面積の合計はすべて等しいことがわかります。5等分の場合も同じように考えていけば、等分することができます。ただ、円のときのようにこれを目で見ただけで正確に切ることはできません。

発展編　全員が平等と感じるには？

ここまでは「等分」という話にこだわって話を進めてきましたが、結局のところ正確に等分することは現実的ではなく、どうしても誤差が発生してしまいます。

そして仮に限りなく等分に近い形で切れたとしても、今度は等分して受け取る「人間側」の問題が残るのです。

その問題とは「等分されたケーキを見ても、本当に等分だと納得しない」ケースがあるということです。この「人間の心情」というハードルを越えるためには、どうやって分ければいいのでしょうか。

ここで、これまでと違った視点から、数学を導入してみましょう。その数学とは「分割アルゴリズム」というものです。

たとえば、2人でケーキを平等に分け合う状況を想像してみましょう。シェフが気を利かせて、ケーキを2つにカットした状態で食卓に運んできてくれました。

ほぼ正しく2等分されているのですが、どうやら2人にとっては片方のケーキのほうが大きく見えて、お互いそのケーキが欲しいと言いだしてしまいます。さて、この問題、どう解決していきましょうか。

解決のヒントは、「綺麗に切る方法」ではなく、「切る順番」にあります。

まずは、片方の人がケーキを切ります。ただしその切り方は、本人が「どちらも同じ大きさで、どちらのケーキをもらうとしても納得できる」と思えるようにカットする、というものです。このときに、切った本人が納得していれば、正確な2等分である必要はありません。

そのあと、カットしなかったもう片方の人が、2等分されたケーキのうち「自分が欲しい」と思うほうを選びます。

もともとケーキを切った人間も「どちらをもらっても納得」だったので、結果的に2人とも納得した状態でケーキを分けることができました。

いかがでしょう。少しフシギな感覚を持つかもしれませんが、実際にこの順番でケーキを分けると、お互い納得した状態で分け合えるのです。

3人が平等と感じるには？

さらに3人の場合を考えてみましょう。少し順番は複雑になります。

まずは、先ほどと同じやり方で、2つにカットされたケーキを2人に分けます。この時点では、ケーキをもらっている2人は納得した状態になっています。

この状態から2人はもらったケーキを3つに分けます。もちろん、このときの分け方は「どれをもらっても納得」

できるように、です。

最後に、まだケーキをもらえてなかった1人が、2人の3つずつに分けられたケーキのうち、欲しいと思うケーキを1つずつもらいます。これで、3人とも手元に小さく分けられたケーキが2つずつあることになります。

もちろん最後にケーキをもらった人間は納得するものを選んだし、最初にケーキをもらった2人も、どれをあげても納得できるように3分割しているので、残った2つのケーキで納得しています。

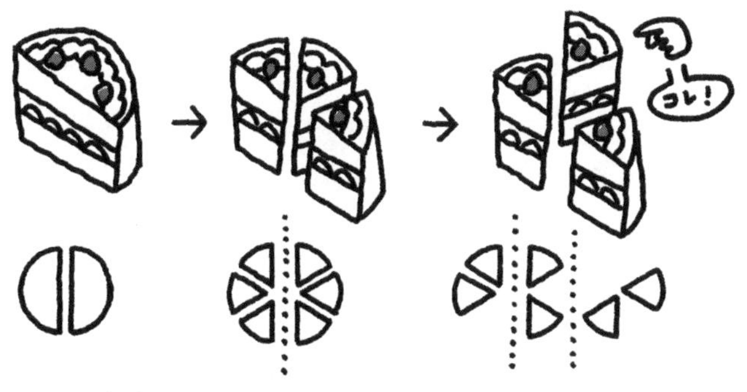

この方法を使えば、4人の場合も

「2人で分ける⇒そのあと3個に分けて3人目が2個もらう⇒3人がもっている2個をそれぞれが半分にして4個にして、4人目が3個もらう⇒4人全員が3個ずつ納得したものをもらっている状態になる」

と分けることが可能です。

ただ、人数が増えれば増えるほど、うまく分けられたとしても細かく切った状態になってしまうので、実際にこの方法が使えるのは4人くらいまでかもしれません。

実は人数が増えてもここまで細かく分けずにすむ方法はありますが、少し長く複雑な説明が必要になるので、ここでは「その方法がある」とだけ紹介するに留めておきます。

これも「離散数学」で、「ケーキ分割問題」という名前で扱われている話となります。

Q2

使える「円周角」

サッカーのフリーキックは、A～E地点の、どこから蹴るのがいちばんゴールに入りやすいか？

＊相手チームのゴールキーパーやディフェンスはいないものとします。

解答編

「円周角の定理」は意外と使える？

円の公式の代表的なものといえば、面積や円周を求める以下の2つです。

円の面積＝半径×半径×円周率
円周＝直径×円周率

これらの公式は小学校のときに学びます。一方、中学数学で登場するのが「円周角の定理」です。

この定理は「円周に2点ABをとり弧ABを考え、その弧AB上にない点Pをとって3点APBでできる角APB（＝円周角）の角度は、Pの位置に関係なく一定である」というものです。また、同じ弧によってできる中心角（＝中心をOとしたときの角AOB）は円周角の2倍になる、という性質もあります。また、Pを円の外に持っていくと、角APBの角度は円周角よりも小さくなります。

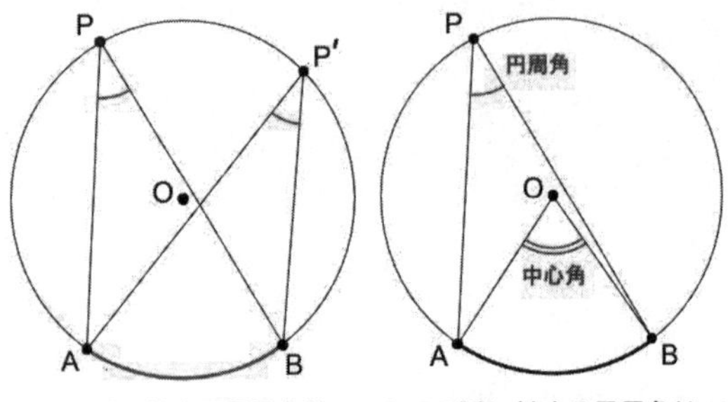

1つの弧に対する円周角は一定

1つの弧に対する円周角は、中心角の半分の大きさこの円周角の性質は、冒頭の問題に関連するのです。

いちばん決めやすい位置は？

舞台をサッカーに戻します。サッカーゴールにボールを蹴るとき、以下の5つの地点で状況はどう変わるでしょうか。

Eのほうがゴールから遠く、D、C、B、Aとゴールとの距離は短くなります。それだけを考えるとAがもっともゴールに入れやすいように感じるかもしれませんが、実はCのほうが入れやすい可能性があります。それは、以下のように円を描くことで理解できるはずです。

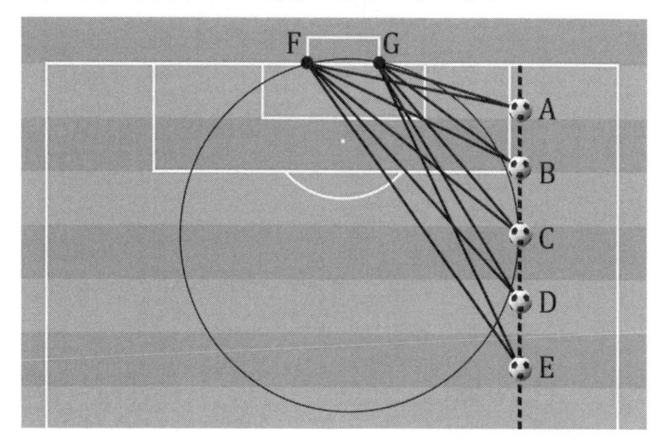

これは「円周角の定理」を使うことで説明できます。

弧FGを考えると、円上のどの点をとってもその点とFGで作られる角は、角FCGと同じになります。

しかしながら、C以外の4つの点はすべて円周の外側にあります。この場合、角FAGやFEGは円周角よりも小さい角度になるのです。つまり、サッカーでゴールに向かって蹴るとき、ゴールに入れることができる角度がいちばん大きいのはCということです。

そして、同じ角度となる場所は、先ほどの図の円周上となります。コーナーキックで直接ゴールを狙うことの難しさがここからも伝わってきますね。

もちろんゴールまでの距離でいうとAのほうが近く、実際には、キーパーやディフェンスなどもいるので、この話はあくまでも角度という観点のみで評価した場合ということはお忘れなく。

発展編 円周角でわかる「さしがね」の使い方

さて、このように、実は円周角の定理は日常の意外なところで役に立ってくることがわかりましたね。せっかくなので、古くから活用されている円周角の定理に関連したもう1つの話を紹介しておきましょう。

それは、「さしがね」、別名・曲尺（かねじゃく）と呼ばれる道具です。聞いたことがない方もいるかもしれませんが、定規をL字型にしたような道具といえば、おわかりになるでしょうか。

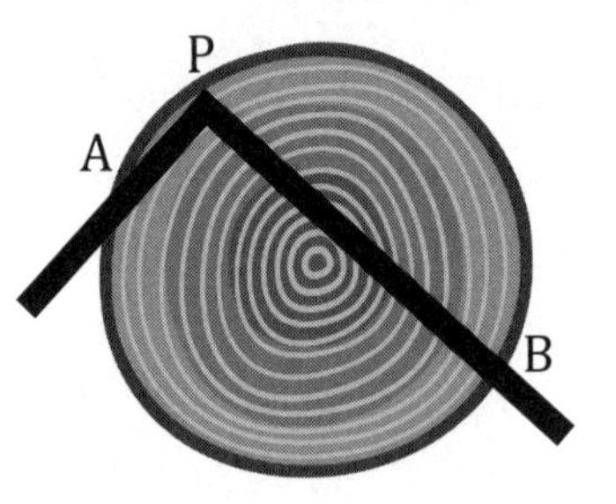

「さしがね」の使い方はいくつかありますが、丸太の大きさを測るときにも活用することができます。

図のように、Pを円周

上に置くと、円周とさしがねが他の2点でも交わります(その2点をA、Bとします)。円周角の定理のもう1つの性質、中心角は円周角の2倍であるという性質を用いると、角P＝90度なのでABと中心Oが作る角度は180度、つまりABは直径をとることになります。あとはABの長さを測れば完了です。さしがねさえあれば、一瞬で円の直径を見つけることができるわけですね。

余談ですがこの「さしがね」、表面は普通の目盛りですが、裏面は目盛りの幅が少し異なります。1目盛りの幅が約3.14分の1倍されたものと、1目盛りの幅が約1.41倍されたものになっているのです。それぞれで直径を測ると、目盛りの読みから、円周の長さ、あるいは、その丸太からとれる角材の1辺の長さ、が計算することなく求められるのです。

なかなか出会う場面はないかもしれませんが、ぜひさしがねを見かけたさいにはこの目盛りの幅を確認してみてください。

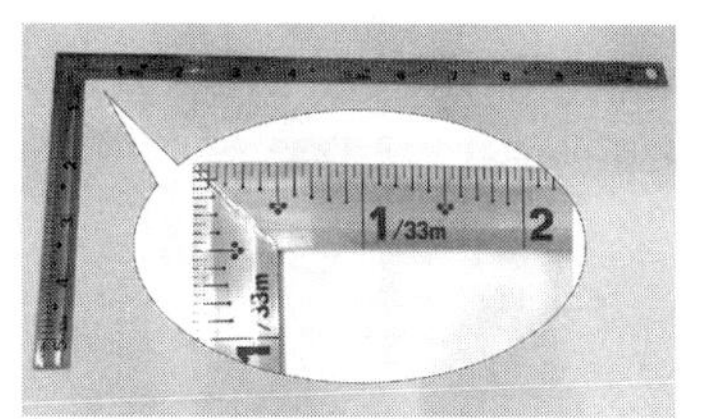

Q3

カレンダーの数学

2024年1月1日は何曜日でしょう？

解答編

まず、以下の日付に注目してください。
これらの日付には、ある共通点があります。

4月4日、6月6日、8月8日、10月10日、12月12日

「月と日付がゾロ目になっている」という共通点もありますが、この5つの日付、実は同じ曜日になります。2024年だとすべて木曜日です。

つまり、「2を除く偶数月で、ゾロ目の日付は曜日が一緒」となります。この性質は覚えやすいでしょう。

ちなみに、なぜこのようになるのでしょう。

これは、上に挙げたそれぞれの日付同士の間隔が63日ずつで、7の倍数になっているという性質があるからです。

この5つの日付の曜日（先ほど書いたとおり、2024年は木曜日）を覚えていれば、この5つの日付の月において、簡単に曜日を計算することができます。

たとえば4月8日であれば、4月4日から4日後ということで「木→金→土→日→月」と月曜日であることを簡単に導き出せます。6月16日であれば6月6日から10日後、つまり曜日としては木曜日からは3日後の「木→金→土→日」と日曜日であると求めることができます。

少し計算がややこしくなりますが、12月4日などは12月12日よりも8日前、ということで木曜日より1日前の水曜日であると求められます。

これでもう十分かもしれませんが、あくまでも4月、6

月、8月、10月、12月の5つの月について計算が簡単になっただけにすぎません。

残りの7つの月でも、同じでかつ覚えやすい曜日を見つけてみましょう。「先ほど挙げた5つの日付と同じ曜日になる日付」という条件のもと、覚えやすいおすすめの日付は以下の7つです（曜日は2024年の場合です）。

1月→1月11日（1のゾロ目）は木曜日
2月→2月22日（2のゾロ目）は木曜日
3月→3月14日（ホワイトデー）は木曜日
5月→5月9日（悟空の日）は木曜日
7月→7月11日（セブンイレブンの日）は木曜日
9月→9月5日（悟空の日の逆）は木曜日
11月→11月7日（セブンイレブンの日の逆）は木曜日

1月、2月はセットで覚えて、5月と9月もセット、残りの7月と11月もセット、3月は男性も女性も忘れないように！　と覚えれば、比較的容易に覚えておくことができるでしょう。

これで、12ヵ月すべての月において、計算がしやすい材料が整いました。

このクイズの答えは、2024年の1月1日は、1月11日の10日前なので、

10－7＝3　木曜日から3日前の曜日「月曜日」

が答えとなります。

この方法、慣れてくると10秒かからずに計算することができるようになりますので、ぜひ覚えて使ってみてください。

2024年はうるう年です！　そのため、実は計算が少しややこしかったのです。

それでは、うるう年ではない年の曜日の覚え方を最後に紹介します。

2023年を例にしましょう。

冒頭で紹介した、4月4日、6月6日、8月8日、10月10日、12月12日は火曜日です。

2月→2月14日（バレンタインデー）
3月→3月14日（ホワイトデー）
5月→5月9日（悟空の日）
7月→7月11日（セブンイレブンの日）
9月→9月5日（悟空の日の逆）
11月→11月7日（セブンイレブンの日の逆）
1月→1月17日（セブンイレブンの日の逆と同じ数字の並びの日）

はすべて火曜日になります。

発展編　1988年は和暦で何年？

先ほどは、曜日を求める問題でしたが、ここで、カレンダー問題として、元号と西暦の関係を考えてみましょう。日本特有のシステムですが、「西暦」と「和暦」という2

つの紀年法が日常的に使われます。書類はもちろん、日常会話でも2つとも使われています。西暦から和暦、もしくは和暦から西暦に戻すときに、時間をかけて計算したり検索して確かめたりしているのが現状でしょう。

さらに、2019年の5月、元号が平成から令和に変わりました。昭和と平成、令和が混在し、計算が複雑になっています。

そこで、元号を簡単に計算する方法を紹介します。この計算を覚えることで、わざわざ調べなくても一発で変換できるようになります。

まずはじめに、西暦と和暦の関係を整理しておきましょう。

昭和元年	西暦1926年12月25日～12月31日
昭和2年	西暦1927年
昭和	西暦1926年12月25日～1989年1月7日
平成元年	西暦1989年1月8日～12月31日
平成2年	西暦1990年
平成	西暦1989年1月8日～2019年4月30日
令和元年	西暦2019年5月1日～2019年12月31日
令和2年	西暦2020年

以上のようになります。この関係を利用することで、西暦から和暦、もしくはその逆への変換をスムーズに行うことができます。

まずは、西暦から和暦への変換方法を見てみましょう。

〈西暦から和暦に変換〉

西暦の下2桁に注目して計算します。

1926年〜1999年の範囲

①89以上のとき　→88を引けば平成になる。

　例）1990→90－88＝2：平成2年

②88以下のとき　→25を引けば昭和になる。

　例）1960→60－25＝35：昭和35年

2000年〜2099年の範囲

③18以下のとき　→12を足せば平成になる。

　例）2002→02＋12＝14：平成14年

④19以上のとき　→18を引けば令和になる。

　例）2020→20－18＝2：令和2年

続いて、和暦から西暦への変換方法です。上記のほぼ逆を考えれば導けます。

〈和暦から西暦に変換〉

マイナスになる場合は100を足したうえで演算します。

①平成→12を引く。

　例）平成4年→104－12＝92：1992年

②昭和→25を足す。

　例）昭和30年→30＋25＝55：1955年

③令和→18を足す。

例）令和５年→５＋18＝23：2023年

説明を受けるだけではぱっと理解できないかもしれませんが、実際にいくつか試しに計算してみると理解が深まるはずです。

また、実際に使用するときもはじめは慣れないかもしれませんが、何度か使っているうちにスムーズに計算できるようになるはずです。

先ほどの1988年は、昭和63年です！　実は、1988年１月１日は、私の誕生日だったのです。

Q4

展開図と包装紙の数学

1辺が10 cmの立方体を、正方形の紙1枚で包むとき、この正方形の1辺は最小何cm必要ですか？

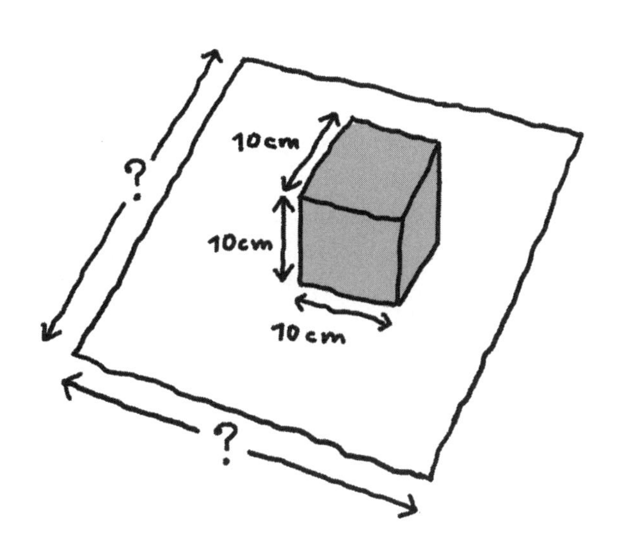

解答編

物を包装用紙で包むための数学

私たちがふだん、贈り物をするときに使用する包装紙。この、「物を包装紙で包む」ということに関しても、もちろんおもしろい雑学数学が存在しています。

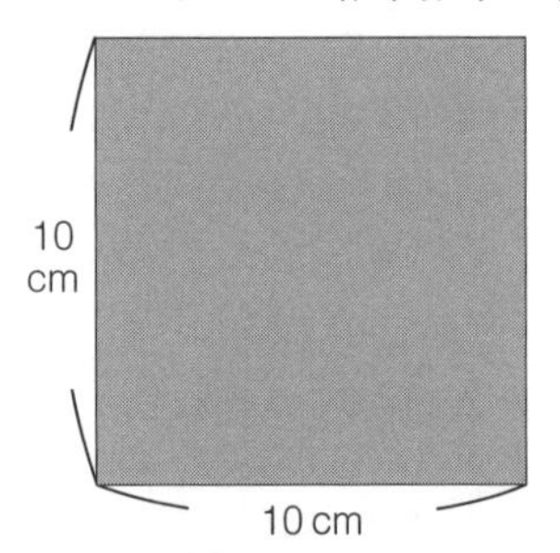

まずはじめに考え方の基本を理解するために、1辺が10 cmの厚みのない正方形を紙で包む場合を考えてみましょう。

左のような、1辺が10 cmの正方形を長方形（正方形も含む）の紙で完全に見えなくなるように包むことを考えてみます。そんな紙とは、どんな大きさの紙になるでしょうか？

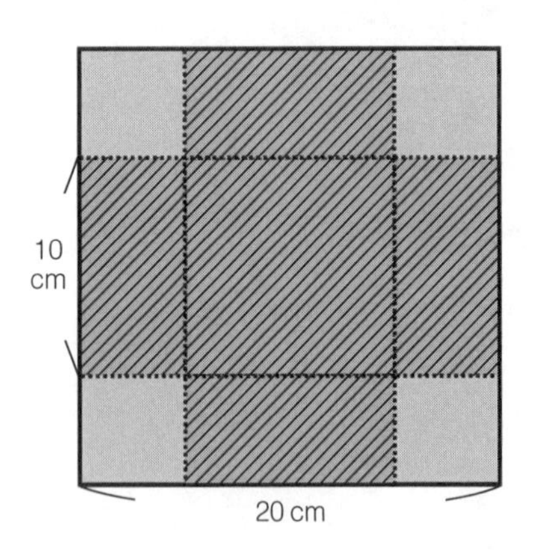

まずは1辺の長さが2倍の包装紙で考えましょう。

たとえば、図のように1辺が10 cmの2倍の20 cmである正方形を考えると、図の斜線の部分さえあれば包むことができることがわかります。

このとき、包む方の正方形の紙の面積は$20 \times 20 = 400\ \mathrm{cm}^2$となりますが、これが元の正方形を包むことができる最小の大きさの紙でしょうか？

包める最小の大きさとは？

すぐわかる方が多いかもしれませんが、違いますね。答えはこの面積よりも小さい大きさの紙で包むことが可能なのですが、その紙とは「包む向きを45°ずらしたもの」。つまり、下のような形の紙になります。

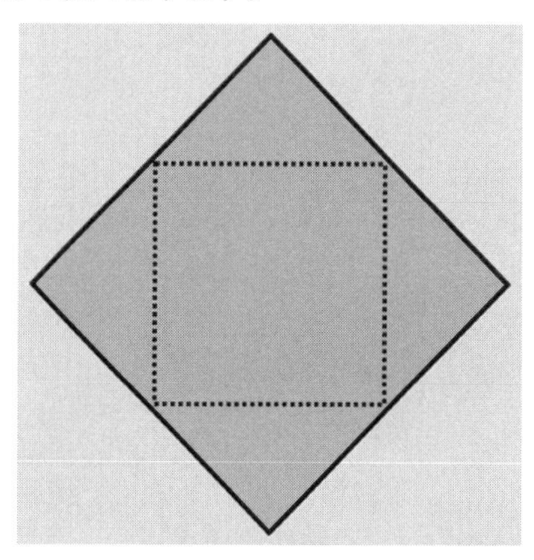

このような形であれば、もっと小さい面積の紙で包みきることが可能になります。これであればまったく無駄がなく、正方形の表裏をまるまる包むことができるわけですが、面積は表裏ということで正方形の面積の2倍になりますから、

$$\text{面積} = 100 \times 2 = 200\ \mathrm{cm}^2$$

となります。1辺の長さが$\sqrt{200}\ \mathrm{cm}$の正方形の紙があればよい、ということになりますね。

立方体で考えてみる

さて、ここまでは厚みのない形を紙で包むことを考えてきましたが、次は現実の状況に近づけてみましょう。包みたいものが立方体である、としましょう。先ほどと同じように、「1辺の長さが10 cmの立方体を包みきることができる最小の面積の紙」を考えてみます。

さて、まずどんな風に考えましょうか。

たとえば立方体の展開図を考えてみると、なんとなく方向性が見えてくる気がします。第1章のQ9でも見た、すべての展開図を並べてみましょう。

こんな感じですね。

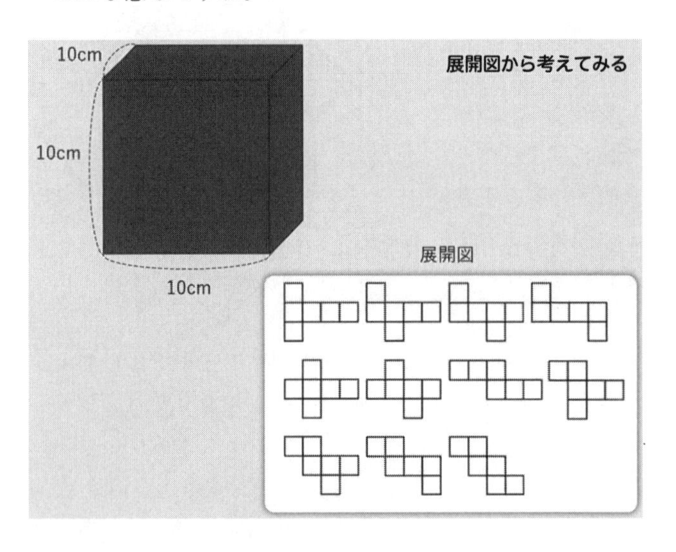

そこで、これらの展開図の向きは回転させずに、包む方

の長方形の紙に収めていくことを考えると、展開図の縦×横のマスの数は2～3コマ×4～5コマのバリエーションしかありませんから、

縦×横＝30 cm × 40 cm（図A）

または、

縦×横＝20 cm × 50 cm（図B）

のどちらかの形の長方形の紙になることがわかります。

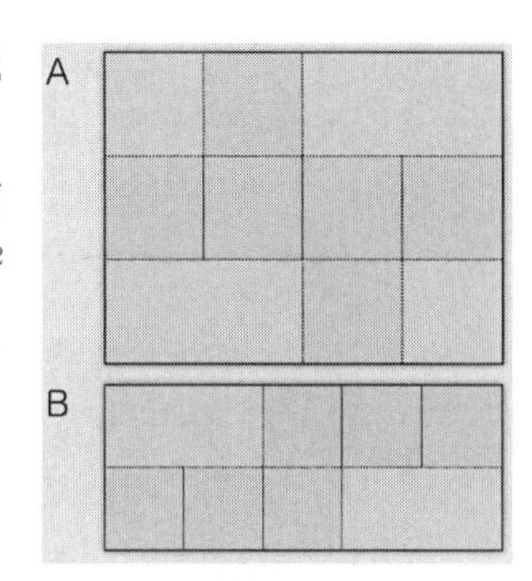

それぞれ、図Aの場合の面積は1200 cm^2、Bでは1000 cm^2 となって小さい面積ですむことがわかります。

より小さな包装紙で包むには？

ここからさらに工夫することが可能です。それをこれからご説明しましょう。

最初の例で挙げた正方形1枚のケースほど、明確な直感的なわかりやすさはないかもしれませんが、少し斜めにずらすことで、より面積の小さな長方形で包むことが可能なのです。

少しわかりにくいかもしれませんが、以下の図に振ったA同士の領域や、B同士の領域を合わせていく過程で正方

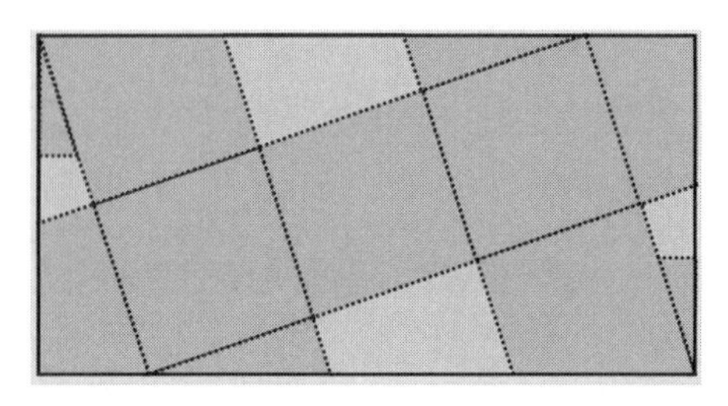

形の面がそれぞれ1面できていきます。CとDは4つの領域がすべてくっつくことで1つの面ができます。真ん中の正方形に合わせて立方体を包んでいく過程を考えると、薄いグレーの部分が内側に織り込まれることになり、立方体を包みきることができることがわかると思います。

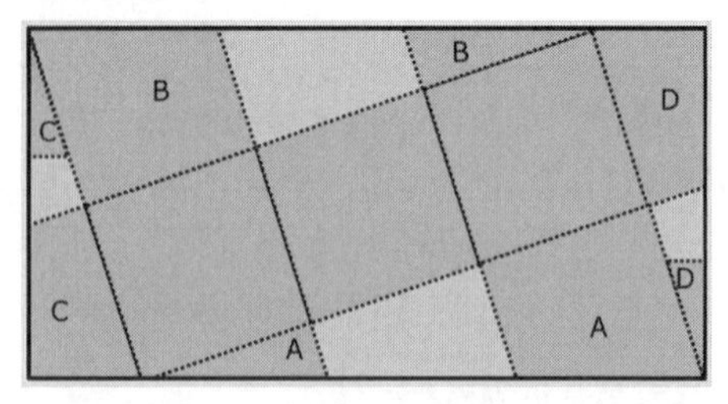

これまでと同様、この紙の面積を考えてみましょう。考え方としては、正方形の1辺が10 cmであることに着目して考えるのですが、計算すると縦の長さが$6\sqrt{10}$ cm、横の長さが$12\sqrt{10}$ cmとなり、面積は720 cm^2となります。元の大きい紙では面積が1200 cm^2だったので720 ÷ 1200 = 60 %と、なんと6割ほどの紙の使用量ですむということがわかりました。かなり節約できますね。

現実の場面で贈り物を包装する際に、紙を少し斜めにして包んだ経験のある人がいらっしゃるのではないでしょうか。たしかに実際に計算してみると上記のような結果が出るので、実生活での感覚が正しかったり、それによって4割も紙を節約できることなどがわかり、とても楽しめるのではないかと思います。

ちなみに、包まれる立方体の表面積は10 cm × 10 cm × 6面 = 600 cm^2なので、先ほどの包み方だと、重なっている余計な部分の割合は720 ÷ 600 = 120％で、20％程度のみとなります。この結果からもかなり無駄を省いていることがわかります。

発展編　正方形の紙で「最大の円柱の展開図」を作る

円柱を正方形の紙でラッピングすることを考えると、この図のように表面の円の部分は何度か折りたたむような形で包んでいくしかないことがわかります。

正方形の向きはまっすぐのまま、円柱の展開図をそのまま合わせて切り取るという方法です。円柱の周の長さは、正方形の横いっぱいまで伸ばしたかっこうになるので、正方形の1辺の長さが円周となります。円柱の側面の長さ（高さ）は、正方形の1辺の長さから円2つの直径分を除いた長さということになりますね。

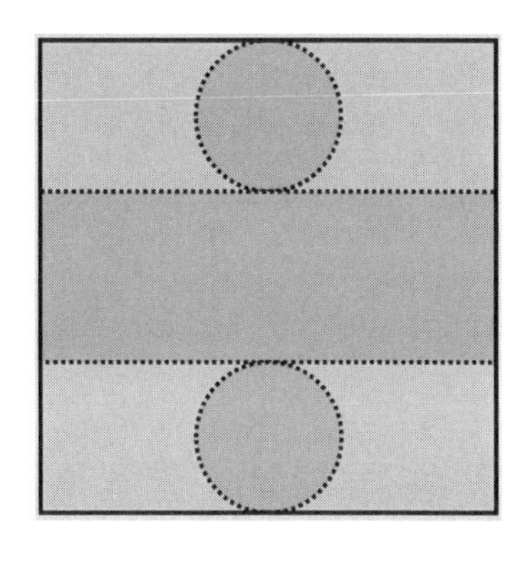

正方形の1辺の長さを10 cmとした場合、計算すると円の直径は

$$10 \div \pi \fallingdotseq 3.18\ \mathrm{cm}$$

となり、半径は半分の1.59 cm、高さは10 − 6.36 = 3.64 cmとなるので、体積はおよそ

$$1.59 \times 1.59 \times \pi \times 3.64 \fallingdotseq 28.9\ \mathrm{cm}^3$$

となることがわかりました。

円柱の展開図も斜めにしてみよう

もちろん、この紙からとれる円柱はこれが最大ではなく、もっと大きい円柱が切り取れます。たとえば、「斜め45°」で切り取った場合を考えてみましょう。図にするとこのような状況です。

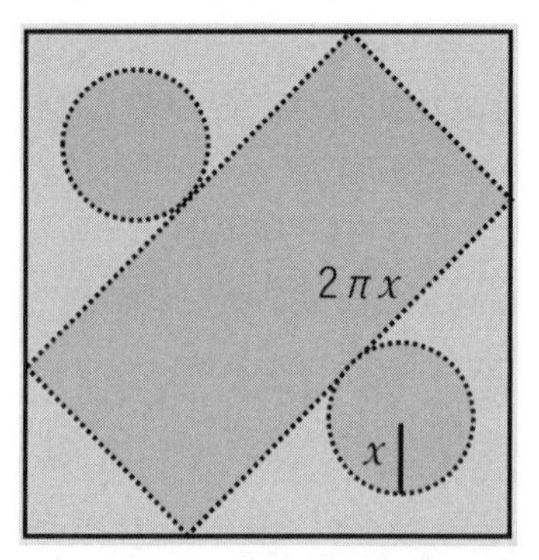

計算してみましょう。

底面の半径をxとすると、円周の長さが薄いグレーの部分の大きい方の直角三角形の斜辺であることに注目して整理すると、体積Vを、

$$V = 10\sqrt{2}\pi x^2 - 2\pi^2 x^3$$

という式で表すことができます。この式が、$x \geqq 0$の範囲

で最大となるものを探すと

$$x = \frac{10\sqrt{2}}{3\pi}$$

最大の円柱の体積は、

$$\frac{2000\sqrt{2}}{27\pi} \fallingdotseq 33.345\ \mathrm{cm}^3$$

であることを求めることができます。先ほどの、向きをずらさずにまっすぐ切り取ったときよりも、かなり大きくすることができました。

斜めに切ったら、最大の体積となるか？

さて、おもしろいのはここからです。

果たして、この「斜めに切った方法」が最大の体積となるといえるのでしょうか？　感覚的にはそのような気もするかもしれませんが、実はまだまだ展開図の切り方は考えられるのです。たとえば、もし「円柱の展開図を円2つと長方形1つにこだわらない」というアイデアを思いついたとき、たとえば図のような切り方があります。

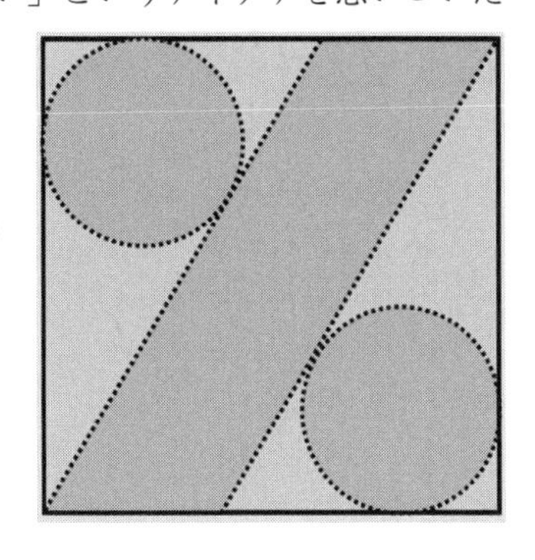

この切り方であれば、なんと50 cm^3以上の体積の円柱を作ることができることがわかります。

ちなみに、「底面の円も複数の扇形に切り分けてよい」と考えれば、さらに大きい体積の円柱を作ることも可能となってきます。その場合の展開図の様子は、「包装紙を使って折りたたみながら円柱包むときの方法」の形に少し似てくることがわかっています。

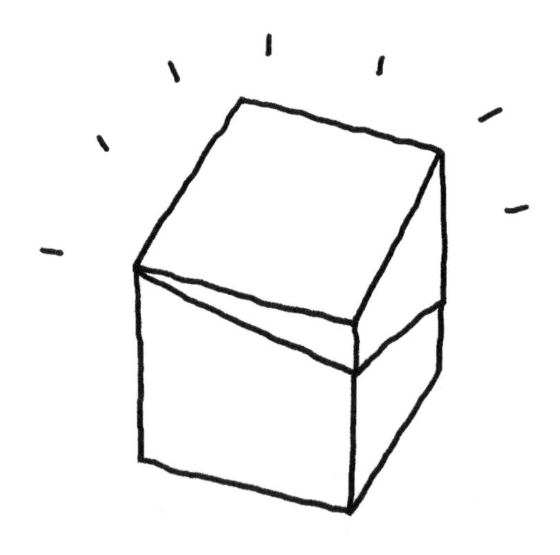

Q5

数当てマジックに挑戦！

ご家族や友人など、まわりの人に以下の質問をしてください。

まず、1から15の中から1つ数を選んでください。そして、その数が以下の4枚のA～Dのカードのうち、どこにあるのかを見つけてください。

見つけましたか？

実は、A～Dの数字の組み合わせから、その人が選んだカードを当てることができます。

その方法と理由がわかりますか？

解答編

数当てマジック

まずは、シンプルな数当てマジックです。あなたの想像した「数」を当てるというものです。

1～15の数字から、好きなものを1つ選び、その数字がA～Dのカードのどこにあるのかを探します。

あなたが選んだ数が書かれたカードの組み合わせを以下

①Aだけ

②Bだけ

③Cだけ

④Dだけ

⑤AとB

⑥AとC

⑦AとD

⑧BとC

⑨BとD

⑩CとD

⑪AとBとC

⑫AとBとD

⑬AとCとD

⑭BとCとD

⑮すべて

の①～⑮の中から見つけてください。

それでは、あなたの選んだ数は、こちらです。

いかがでしょう。見事、当てることができたはずです。カードをもう1枚増やせば、15までではなく1から31の数で、同じようなマジックをすることができます。

「いや、これはマジックじゃない！　うまく数をばらけさせることができれば、このようなマジックは簡単に作れる気がする！」

そう思う方もいらっしゃるかもしれません。では、どのようなルールで数をばらけさせればよいのでしょう。

マジック作成の裏に存在する数学の深淵

このマジックにはれっきとした「数学の仕掛け」があります。実は「二進数」を使うことで、このようなマジックを作ることが可能です。二進数とはその名前の通り、「2で位が1つ上がる数の表記方法」のこと。

「1」はそのまま「1」と表しますが、1つ増えた「2」は位が上がり「10」と表記します。そして「3」は「11」、「4」は再び位が上がり「100」となります。言い換えると「0」と「1」のみを使って数を表す方法ともいえるでしょう。

以下に換算しておきます。

「5」は「101」、「6」は「110」、「7」は「111」、「8」は「1000」、「9」は「1001」、「10」は「1010」、「11」は「1011」、「12」は「1100」、「13」は「1101」、「14」は「1110」、「15」は「1111」となります。

さて、先ほどのマジックに戻ってこの二進数に当てはめてみましょう。

実は、1から15の数を二進数表記したときのそれぞれの位をDCBAの順に対応させ、「1」が入る桁に該当する記号のカードにはその数を表記する、というルールでカードを作成しています。

十進法	二進法	4桁目→D	3桁目→C	2桁目→B	1桁目→A
1	1	0	0	0	1
2	10	0	0	1	0
3	11	0	0	1	1
4	100	0	1	0	0
5	101	0	1	0	1
6	110	0	1	1	0
7	111	0	1	1	1
8	1000	1	0	0	0
9	1001	1	0	0	1
10	1010	1	0	1	0
11	1011	1	0	1	1
12	1100	1	1	0	0
13	1101	1	1	0	1
14	1110	1	1	1	0
15	1111	1	1	1	1

たとえば5は「101」なので「0101」と考えて、CとAの桁に「1」が入るとします。だからCとAのカードに「5」を記載しています。15の場合は「1111」なので、すべてのカードに「15」が書かれています。

このようなルールで数をカードに対応させていけば、数をかぶりなくカードに対応させていくことができます。

これで、カードを1枚増やし5枚のカードにすれば、二進数表記で「11111」である31までの数に対応できるということがすぐ理解できるはずです。

このマジックを実際にやってみると、見ている側は「何か仕掛けがあるだろうな」とは思いながらも、すぐには仕掛けに気づくことができません。仕掛けがあったとしても、瞬時にどの数を想像したか特定するさまを見て、観客は驚くに違いありません（もちろん、二進数からすぐ十進数に戻せる訓練をしておく前提ですが）。

発展編 16マスの中から4つの数字を選ぶ

同じ数当てですが、少しルールが異なります。以下のような4×4マスのカードの中から、合計4つの数を選んでもらう、というものです。実際に手元に紙とペンを用意してやってみましょう。

まずは、1から16の中から、1つ数を選んで○をつけてください。操作を間違えないために、例をまじえて説明していきます。たとえば、1を選んだ場合はこのように○をつけることになります。

そうしたら、その○を描いた縦と横の列に線を引き、縦と横に並ぶ数を消します。1を選んだ場合は以下のようになります。

(1)	2	3	4
5	6	7	8
9	10	11	12
13	14	15	16

(1)	~~2~~	~~3~~	~~4~~
~~5~~	6	7	8
~~9~~	10	11	12
~~13~~	14	15	16

続いて、残った数の中から2つ目の数を選びます。

先ほどと同じように選んだ数に○をつけ、縦と横に並んでいる数を線で消します。一度消した数にも線がかかるように消していってください。たとえば、8を選んだ場合は右のようになります。

あとは同じように3つ目の数を選び縦・横で数を消し、最後に4つ目の数を選び縦・横線を引き、数を消します。

できたでしょうか。それではその○をつけた4つの数をたし算してみてください。この4つの数のたし算、実はすでに誘導されていたのです。

あなたが選んだ4つの数の合計は……

当たっていたでしょう？

しかし、これはいったいどういうことでしょうか。本当に誘導されていたのでしょうか。

残念ながら「種も仕掛けもある」マジックです。何か不思議な力で誘導されていたのではなく、れっきとした仕掛けによって誘導されていました。では、その仕掛けを紹介しましょう。

そのためには、カードの上と左に、「ある数」を書き足します。

	1	2	3	4
0	1	2	3	4
4	5	6	7	8
8	9	10	11	12
12	13	14	15	16

枠の外に書かれた数はどういうルールで書かれたものでしょうか。

気づいた人もいるかもしれませんが、縦に並ぶ枠外の数と横に並ぶ枠外の数から1つずつ数を選んで足してみると、表の数字に対応するようになっています。たとえば縦の列の4と、横の列の3に注目したときに、4＋3＝7となるように表が対応します。

このことが先ほどの4つの数の合計にどう影響するのか、先ほどの操作に沿って説明しましょう。1つ目の数として1を選んだときに何が起きていたかを見ると、このようになっていました。

	1	2	3	4
0	1	2	3	4
4	5	6	7	8
8	9	10	11	12
12	13	14	15	16

枠外の数字に注目すると、縦の「0」に対応する数が1以外すべて線により消され、横の「1」に対応する数が1以外消

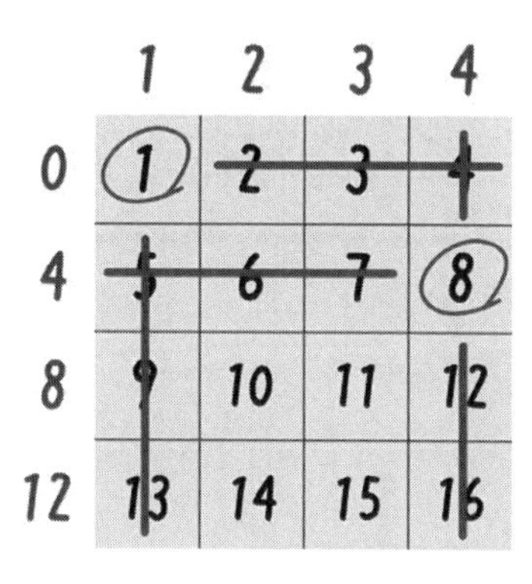

されています。続いて2つ目に8を選んだときに何が起きていたかを見てみると、縦の「4」の列と横の「4」の列が消されることになります。

3つ目、4つ目に残された縦の数は「8」と「12」、横の列は「2」と「3」になります。どの順番で次の数を選んでも、枠外の数はちょうど1回だけ使われ、2回使われることはないことがわかるでしょう。

したがって、「どのように4つの数を選んだとしても、枠外の8つの数を1回ずつ使うことになる」ということです。

こうして、4つの数の合計は、枠外の数をすべて足した、

$$1+2+3+4+0+4+8+12=34$$

に必ずなるのです！

非常に論理的で、シンプルな仕掛けによって成り立っている数学マジックということがご理解いただけたでしょうか。

コラム ○×ゲーム必勝法

二人零和有限確定完全情報ゲーム

「○×ゲーム」、別名「三目並べ」とも呼ばれるこのゲーム。ルールはシンプルで「○」と「×」を3×3マスの格子に交互に書いていき、先に1列揃えたら勝ち、というものです。

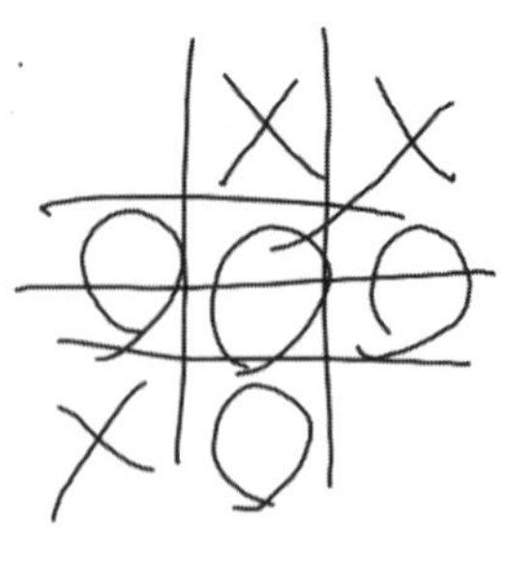

西洋が発祥のゲームですが、少なくとも100年前には日本でも遊ばれています。

ゲームの分類のなかでは「二人零和有限確定完全情報ゲーム」とも呼ばれるもので、平たくいうとプレイヤーは2人、ランダム性がなく、すべての情報がプレイヤーに公開されている、有限回数で終わるゲームのこと。

すごろくはこのなかで「確定」の要素がないゲーム、じゃんけんは相手が何の手を出すかの情報がない「非完全情報」のゲームであると説明すれば、「二人零和有限確定完全情報ゲーム」がどういうものかわかるかと思います。

この分類に当てはまるゲームは、両プレイヤーが最善手を尽くせば必ず「先手必勝」か「後手必勝」か「引き分け」かが決まるという特徴があります。

では、○×ゲームはこの3つのうちどれに当てはまるのでしょうか？　なんとなく「先手必勝」のような印象を持っている人が多いかもしれませんが……。実際に先手後手で最善策をとった場合どうなるのか、少し分析してみましょう。

まず、1手目の先手の○の置く場所を考えます。1手目を置くときに空いているマスは9マスありますが、格子を反転および回転させて重なる位置は同じとみなせるので、「真ん中」「角」「壁」の3種類のみ考えればよいことがわかります。

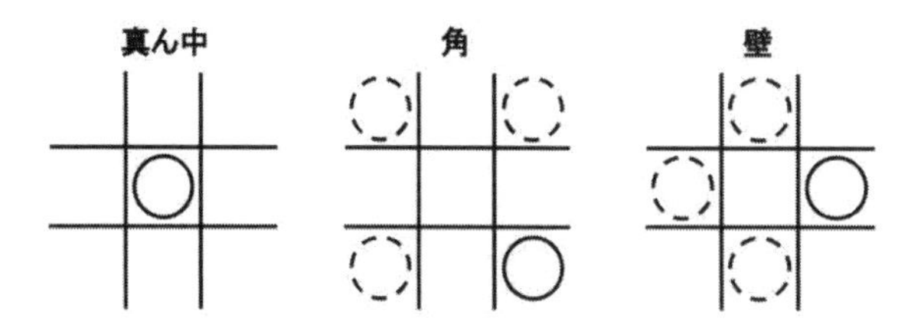

それぞれの図で破線の○の位置に置いたものは実線の○の位置に置いたのと同じことになります。

そして、2手目以降はこの3通りそれぞれの場合について考えていけばよいのです。

では、先手が○を真ん中に置いたときの場合を考え

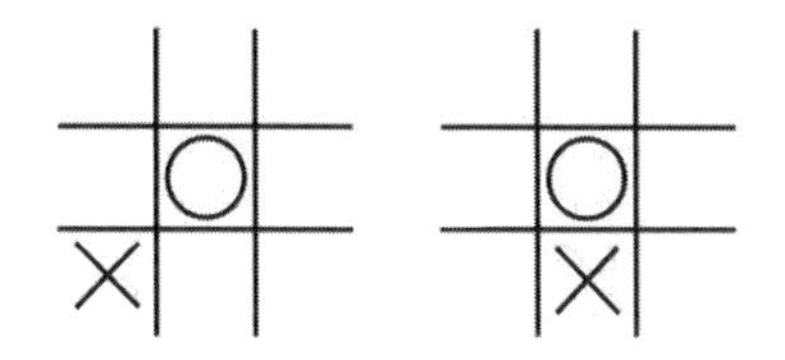

てみましょう。

真ん中に○を置いた場合の×の置ける位置は、「角」と「壁」の2種のみです。もし2手目で×を壁においた場合、○の最善手は以下のようになります。

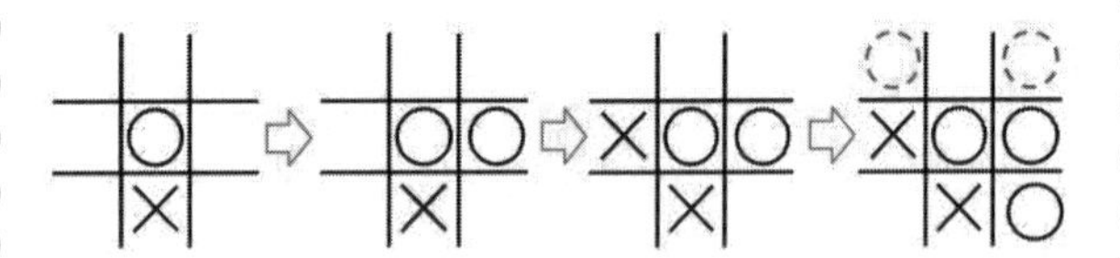

次に×を置いたとしても、破線の○のどちらか片方しか防ぐことはできません。

この状態までくると、あと1つ○を置けば揃う列が2列できています。×はどちらか片方の列しか防ぐことができないため、○の勝利が確定します。

一方、2手目で×を角に置いた場合はどうなるでしょうか。実は、×が最善手を続けていっても、○が間違った行動をとらないかぎり、引き分けになります（これに関しては実際に書き出して試していただければ実感できると思います。実際に書き出してみた様子は、このコラムの最後に掲載します）。

つまり、1手目で○を真ん中に置いた場合、2手目で×は角に置くことで、引き分けに持ち込むことができます。○×ゲームで1手目を真ん中に置くことが勝利への近道かと思いきや、両者ともに○×ゲームを知り尽くしている場合、結局引き分けになってしまうのです。

では、1手目を真ん中以外に置くことが○にとって最善なのでしょうか。角と壁に置いた場合の動きを少しだけ整理してみましょう。

角に○を置いた場合の×の置き方は以下の5通り。

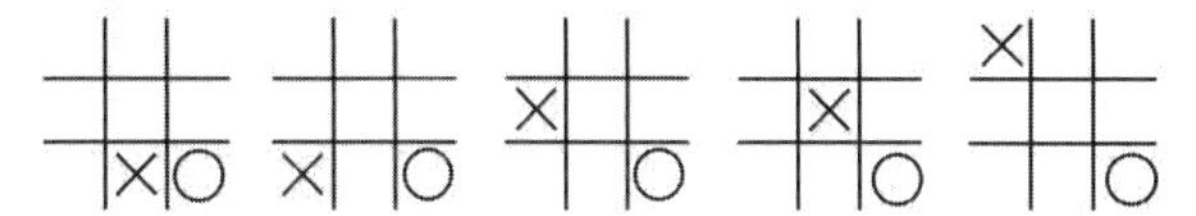

そして○を壁においた場合も同様に5種類の×の置き方があります。

以降、同様に○→×→○→……と置いていき、上記に挙げてあるそれぞれ5通りのなかで1つだけでも「引き分け」になる2手目の×の置き方が見つかれば、1手目で○を角や壁に置いても、結局は「引き分け」になってしまうという結論が導けます（上記の時点で5×2通りありますが、3手目の○の置き方で約30通りまでパターンが分けられます）。

実際にすべてのパターンで調べてみると、やはり「引き分け」となる手が出てしまい、1手目の○をどこに置いたとしても「引き分け」に着地してしまうのです（本コラムの最後に、おまけで他のパターンをいくつかまとめました）。

ということで、○×ゲームは「二人零和有限確定完全情報ゲーム」のなかで、引き分けになるゲームであることがわかりました。この結果は少し物寂しいものはあるかもしれませんが、現在はこの○×ゲームからさまざまな派生のゲームが生まれています。

○×ゲームの3目（3つ）並べると勝利、というルールのなかでアレンジされたものでいうと、一度書いた記号の位置を書き換えることができるゲームや、盤面を立体にしたもの、○×の代わりに大きさの違う駒を用意し駒をかぶせるなどして妨害しあいながら揃えていくゲームなどがあります。

また、揃える目の数を増やした四目並べや五目並べもあります。マス目の数が増えることで並べる数も増えるため、ゲームの複雑性が増します。ただ、「二人零和有限確定完全情報ゲーム」であることは変わりはなく、とくに四目並べは○×ゲームと同じくらいの複雑さで、先手必勝であることが理解できてしまいます。

それに対して五目並べは先手必勝という結論は出ていますが、そのパターンは非常に複雑で必勝法を踏まえながら対局するには、かなりの記憶力が必要です。

オセロやチェス、将棋も「二人零和有限確定完全情報ゲーム」の1つと説明すれば「二人零和有限確定完全情報ゲーム」といえども必勝法を捉えることが難しいゲームも数多く存在する、ということが理解いただけるはずです。

チェスにおいてはコンピュータが人間の力を追い抜いている現状ですが、コンピュータも「必勝法」を手に入れているわけではなく、膨大な数のパターンを調べることで勝ちやすい手を選択しているのです。

そう考えると、むやみやたらに必勝法を探そうとするのではなく、純粋にそのゲームを楽しみながら、部分部分で勝ちパターン（必勝法とまではいかないもの）を見つけていく、というのが人間のゲームとの正しい向き合い方なのかもしれません。

○が最初に「真ん中」、×が次に「角」に置いた場合

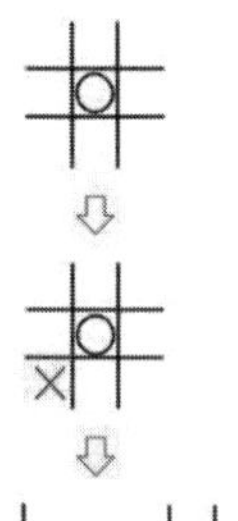

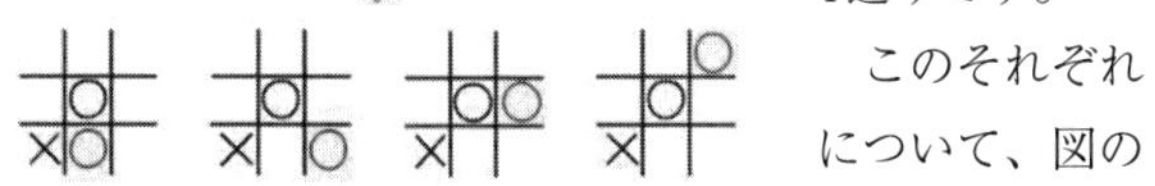

×の置き場所は最善手のみを示しています。

3手目における○の置き方は4通りです。

このそれぞれについて、図の左側から順番にAパターン、Bパターン、Cパターン、Dパターンとして、先の展開を見ていきます。

Aパターンの場合

Aパターンになった場合の展開を書き出してみます。

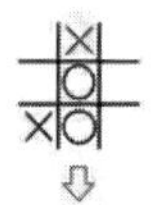

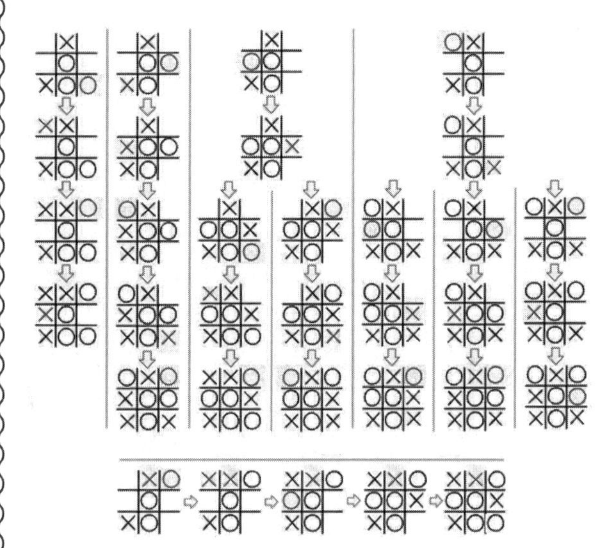

左端の例のみ×の勝ち。したがって、Aパターンの場合は、○がいちばん左にあるような置き方をすれば、引き分けになります。

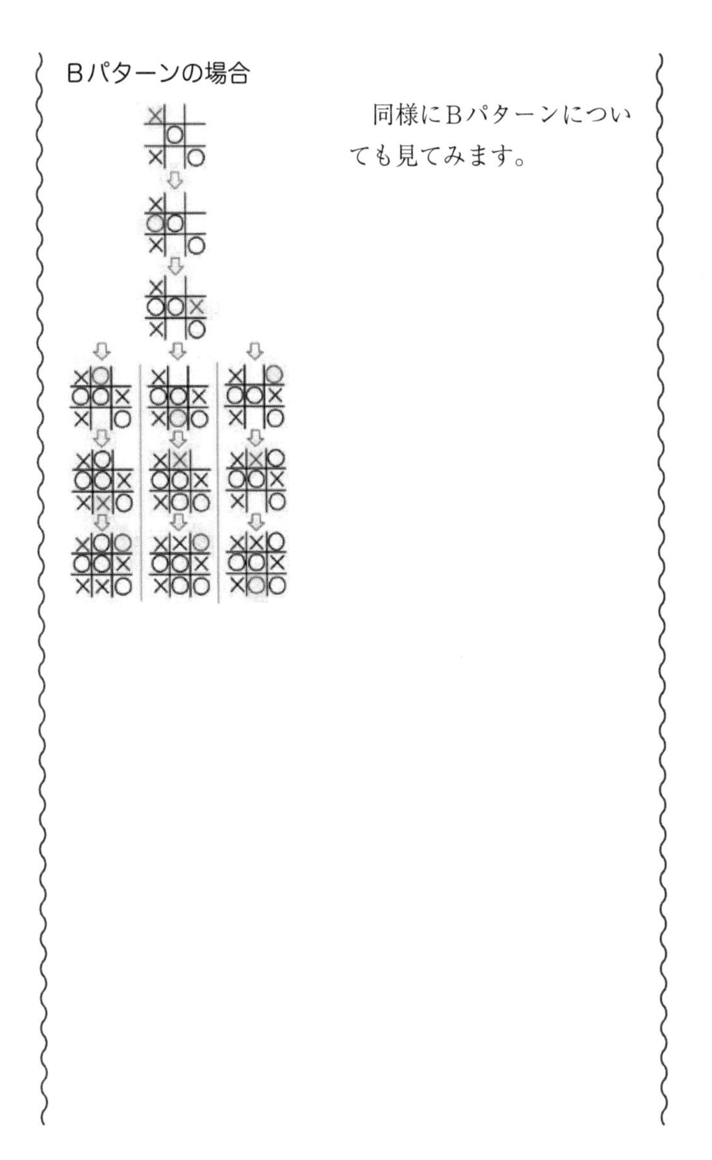

同様にBパターンについても見てみます。

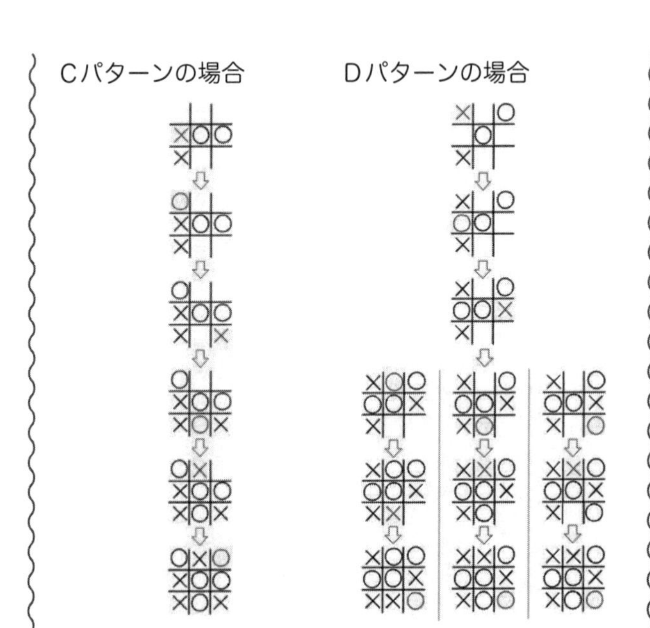

このように、2手目に×を角に置いた場合には、最終的に引き分けとなることがわかります。

第4章

数学の歴史的な問題

Q1

古代の三大作図問題

・円と同じ面積の正方形を作図することができるのか？
・与えられた立方体の2倍の体積を持つ立方体を作図することができるのか？
・任意の角を作図により3等分することができるのか？

「作図」においては、コンパスと定規のみ使用できます。分度器や三角定規のような道具は使えません。

解答編

2000年間も数学者を苦しめた「3つの難題」に挑戦してみましょう。

古代の「三大作図問題」

まずは、紀元前の「未解決問題」を紹介します。「ギリシャの三大作図問題」と呼ばれる問題と、それにまつわるエピソードです。名前のとおり、紀元前6世紀から5世紀ごろの古代ギリシャで多くの数学者が話題にしたといわれている作図の問題で、問題文の3つの問いの正否が議論されていました。

結論を先にいうと、19世紀になってようやく、この問題はすべて「不可能」であることが証明され、解決に至りました。

ではいよいよ、この3つの作図問題を順に解説していきましょう。

まずは1つ目の、

・円と同じ面積の正方形を作図することができるのか？

について見ていきましょう。

こちらは「円積問題」と別名がついている問題です。次ページのような図をイメージすると、理解しやすいと思います。

この問題は、同じ面積である円と正方形を描けばいいというだけなので、円の半径や正方形の1辺の長さは特に決める必要はありません。

したがって、ここではわかりやすく「円の半径を1として、同じ面積の正方形が作図可能であるか」を考えていきましょう。

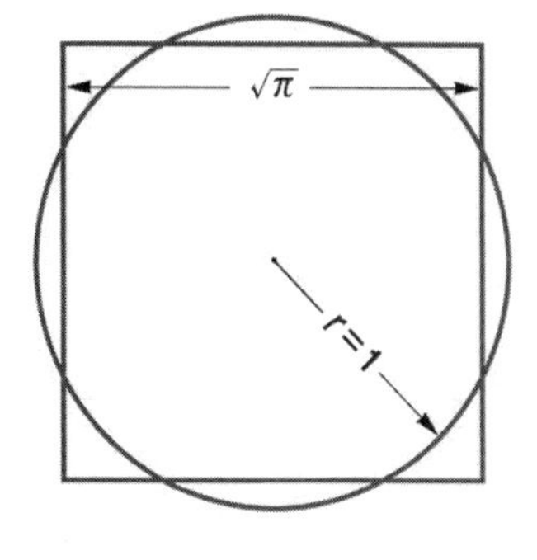

円の半径を1としたときに、円の面積は

$$1 \times 1 \times \pi = \pi$$

となります。つまり、作図したい正方形の1辺の長さ$x\,(>0)$は

$$x^2 = \pi$$

$$x = \sqrt{\pi}$$

となり、1辺の長さ $\sqrt{\pi}$ の正方形が描ければよいとわかります。

このπという長さを、すでに描かれている円をもとになんとかして測り、それで正方形を描ければ、作図可能という結論が出せるのですが……そうはいきません。

近似値で一見それっぽい形を描くことはできるのですが……。ここでは詳細は書けませんが、このπの長さを定規とコンパスだけでは作図することはできません。

古代から作図の可否について議論され続けたこの話は、先ほどもふれたように19世紀にようやく作図不可能であることが厳密に証明されます。

この問題に対して、紀元前当時の数学者らはさまざまな証明方法でその可能性を肯定しようとしました。

円の一部を切り取った形と同じ面積になる正方形ならば作図可能であることがわかると、「やはりこの問題は作図可能ではないか」という声が強まったり、「円の中に正何十角形の正多角形を内接させ、その角の数を増やしつづけることで作図の方法が見つかった」という主張がなされたりと、いろいろな試みがこの問題に対して行われてきたのです。

このさまざまな努力、とくに最後にふれた円に多角形を内接させ……という発想は、のちに円周率の近似値の話に発展していきます。この円周率に関する話は、後半でふれることにしましょう。

立方体の体積と立方根

さて、作図問題2つ目の、

・与えられた立方体の２倍の体積を持つ立方体を作図することができるのか？

これも、似たような考え方で作図不可能であることを述べることが可能です。

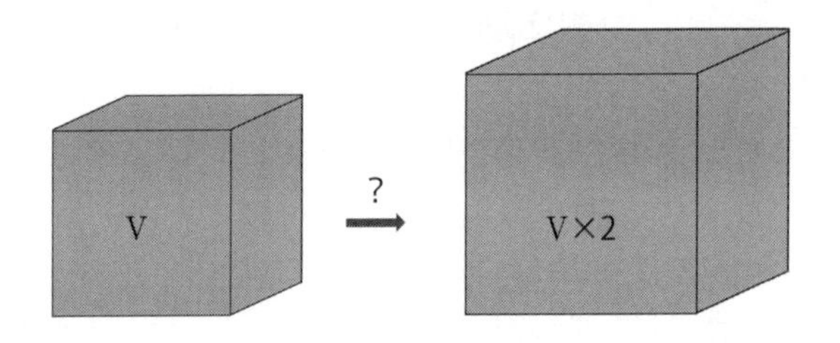

小さい立方体の体積を1としたら、大きい立方体の体積は2。小さい立方体の1辺は1になり、大きい立方体の1辺は「2の立方根」であることがわかります。

2の平方根の長さであったら、1辺が1の正方形の対角線の長さとなるので、作図はできるのですが、2の立方根の長さを作図することはできないのです。

角の3等分線は？

3つ目の

・任意の角を作図により3等分することができるのか？

は証明することが少し難しいのと、特定の角のときのみ3等分することが可能であることから、誤解されやすい問題といわれています。たとえば90°の三等分は30°の角を作ればいいということになりますので、作図は可能となります。

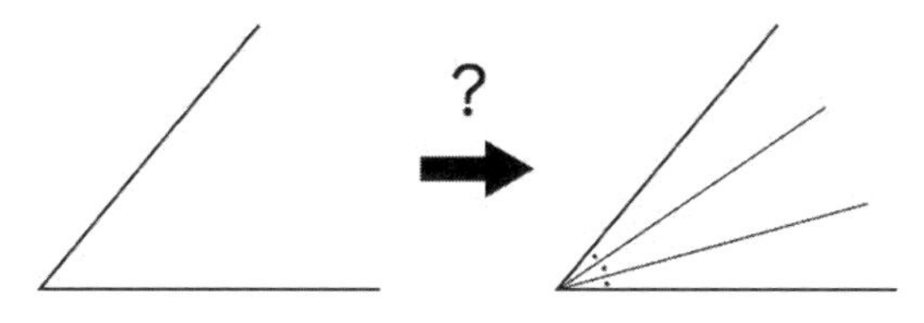

実はこの2つの作図問題も2000年以上証明されることのなかった問題であり、何を主張しているのかがわかりやすい問題でもあるので、覚えておくと何かと話題に出せるかもしれません。

発展編 古代から続く円周率の近似値算定

さて、ここからは「円周率」の話です。

古代の人類にとっても、「円」というものはなじみの深いものでした。

歴史を遡れば、紀元前5000年ごろにすでにあったとされる「轆轤（ろくろ）」が、記録に残っている「円」の歴史の原点ともいえます。土器を作るために使われていた、回転する円盤状のもの。これが「車輪」として応用されていきます。重い物を遠いところまで運べるようになったのも、この「円形」の「車輪」の開発があったからと断定してもよいでしょう。

この車輪としての活用の記録が残っている時代が紀元前4000年ごろ。そして、円周が直径の3倍と少しであることが同じころから知られており、車輪の活用と円周率の研究は少なからず関連性があったといえるでしょう。車輪を一周させたときに進む長さと、車輪の大きさを比較するというシチュエーションは容易に想像ができます。

当時は「測って確かめる」程度であったものの、紀元前3世紀にはアルキメデスがこの円周率の問題に対して学術的なアプローチを試みます。

その方法が、先ほど円積問題で紹介した「多角形を円に内接させる」というもの。アルキメデスは正三角形、正四角形どころか、なんと正九十六角形を用いて、円周率の近似値の導出に挑みます。

彼は、円に内接する正九十六角形と外接する正九十六角形の2つを利用し、円周率は約3.1408から約3.1429の間であることを求めました。

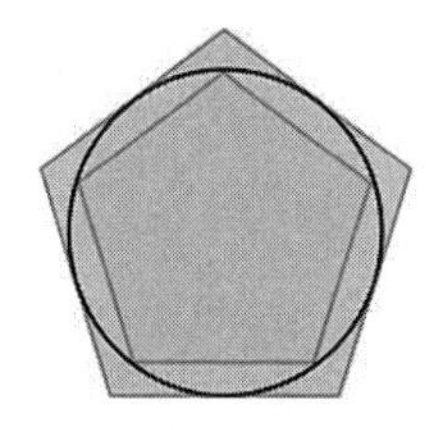
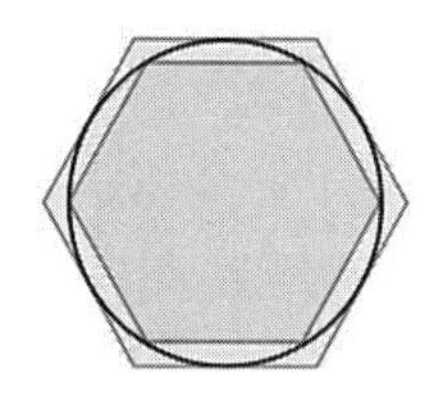
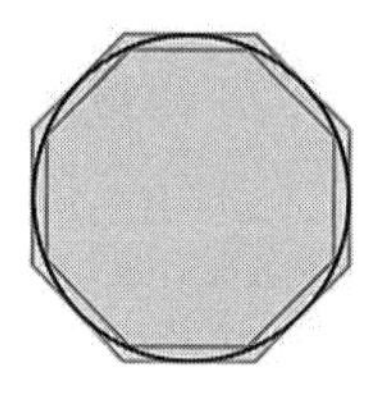

円周率の近似値を求めるために、以降もこの方法を使って算出しようとする人が出てきます。しかしながら、実はこの手法には弱点があることも同時に判明していきます。その弱点とは、角の数を増やしても、なかなか円周率の真の値に近づいていかないということ。

たとえば正五百角形では3.141572…となり、正千角形では3.141587…となります。その倍の正二千角形では3.141591…と小数以下5桁目が近似される程度で、これ以上の細かい多角形を描くことは現実問題不可能になってきます。

作図をせずに計算で求めることもできるのですが、16世紀にルドルフ・ファン・コーレンという数学者が正2^{62}（約461京）角形を用いてようやく円周率の小数以下35桁目まで正しく計算した、という記録からもわかるように、この方法で理論値に近づけていくのはかなり難しいことがわかります。

そういった背景の中で登場したのが、円周率を導出できる数式です。有名なもので、14世紀に見つけられた

$$\frac{\pi}{4} = 1 - \frac{1}{3} + \frac{1}{5} - \frac{1}{7} + \cdots = \sum_{n=1}^{\infty} \frac{(-1)^{n-1}}{2n-1}$$

というライプニッツの公式や、17世紀にウォリスという数学者が導出した

$$\frac{2}{1} \times \frac{2}{3} \times \frac{4}{3} \times \frac{4}{5} \times \frac{6}{5} \times \frac{6}{7} \times \frac{8}{7} \times \frac{8}{9} \times \cdots = \frac{\pi}{2}$$

という式があります。これらを用いて、より効率的に円周率の近似値を求められるようになっていきます。とはいえ、人間の力だけでは数百桁程度が限界でした。

そういった中で円周率の近似値の導出に大きく貢献したのは、コンピュータ。コンピュータの開発により、1949年には2037桁、1973年には100万桁と、飛躍的に計算が進んでいきます。ちなみに2022年6月8日に、100兆桁の計算に成功しています。もはや想像がつかない桁数にまで、近似値が導出されています。

当たり前のように使っている円周率、そして「およそ3.14とする」や「円周率をπと表記する」といった話の背景には、実は長い歴史の中で研究されてきたものがたくさんあるのです。

Q2

フィボナッチ数列

以下のようにウサギが子どもを生んだとします。

・ウサギはオスメス1組で、新しいオスとメスの組となる子どもを生む（オス1羽、メス1羽）
・生まれて2ヵ月後には、毎月1組ずつ子どもを生む

はじめを生まれたばかりの1組のウサギとすると、1年後にウサギは何組になっていますか？

解答編

自然界に潜むフィボナッチ数列の正体

「フィボナッチ数列」という言葉、数学から離れてしまっている人も、一度は聞いたことのある言葉でしょう。

フィボナッチ数列とは、以下のような数列のことをいいます。

$$0, 1, 1, 2, 3, 5, 8, 13, 21, 34, 55, 89, \cdots$$

この数列に潜む規則性は、隣り合う3つの数において、左2つの数の和が右の1つの数になる、というもの。たとえば1〜3つ目に注目すると0＋1＝1、3〜5つ目に注目すると1＋2＝3となっていることで確かめられます。これを「漸化式」と呼ばれる、数列を表す式にすると

$$F_0 = 0$$

$$F_1 = 1$$

$$F_n + F_{n+1} = F_{n+2}\,(n \geqq 0)$$

となり、n番目の数がF_nということになります。

規則的に並ぶ数列といえば、

$$2, 6, 10, 14, 18, 22, \cdots$$

$$2, 4, 8, 16, 32, 64, \cdots$$

のように、一定の数ずつ増えたり（減ったり）、一定の割合で増えたり（減ったり）するものがすぐ連想されると思います。それと比べると少し複雑な規則性になっている

数列が、フィボナッチ数列というわけです。

　では、なぜこのような数列が有名な数列なのでしょうか。

　そもそもフィボナッチ数列、名前の由来は12～13世紀のイタリアの数学者レオナルド＝フィボナッチに関連します。彼自身がこの数列を発見したのではないのですが、『算盤の書』という本をフィボナッチが出版しこの数列を紹介したことで「フィボナッチ数列」という名前がつけられました。

レオナルド＝フィボナッチ

　しかし悲しいことに、レオナルド＝フィボナッチの本名はフィボナッチではありません。彼の死後に別の人によって誤ってつけられてしまった名前、という話も残っているのです。

　この誤用されるに至った詳しい事情はわかっていないので、ここでは「そういうことがあった」という話の紹介だけにとどめておきます。

　さて、本題。フィボナッチ数列が有名となっている最大の理由は、「自然界の現象の多くに関連しているから」だといってよいでしょう。

　とくに、花びらや植物の形状に関連していることが多く、わかりやすい話としては「花びらの数がフィボナッチ数列の数になる」ことが多いのです。

たとえば、桜のほとんどの種類は花びらの枚数が5枚、コスモスは8枚、ユリなどは3枚です。もちろん例外もあります（桜のなかでも八重桜などは、名前に8が入るのに枚数が花によって異なります）ので、あくまでも「フィボナッチ数列の数になることが多い」と捉えてください。

なぜこのようなことが起きるのかを説明するには、数学だけでないまた別の分野の知見も必要になってきます。そのため筆者自身で厳密に理由を説明しきることは難しいのですが、数学的な視点だけはある程度説明を試みてみます。

そのためにはもう少しフィボナッチ数列の式を理解しておく必要があり、先にそちらを掘り下げていきましょう。

フィボナッチ数列と「黄金比」

先ほどの漸化式を変形し、$F_n =$の式にしていくと、フィボナッチ数列の一般項と呼ばれる、n番目の数を直接計算できる式となります。その一般項は、

$$F_n = \frac{1}{\sqrt{5}}\left\{\left(\frac{1+\sqrt{5}}{2}\right)^n - \left(\frac{1-\sqrt{5}}{2}\right)^n\right\}$$

で表されます（式変形については高校数学Bの範囲の知識で行うことはできますが、ここでは省略させていただきます）。

この式に出てくる、

$$\frac{1+\sqrt{5}}{2}$$

は約1.6180339…となり、この値を使って表す比、

$$1 : 1.618\cdots$$

は「黄金比」と呼ばれています。黄金比はもっとも美しい比ともいわれており、名刺のサイズがこの比に近くなっていたり、芸術作品にこれを取り入れて作る人もいたりします（ときどき、なかば強引に黄金比と結びつけている話も聞きますので注意してください）。ちなみにもう1つの括弧でくくられたかたまり

$$\frac{1-\sqrt{5}}{2}$$

は、1よりも小さい値で、nの値が大きくなればなるほど値が小さくなっていくので、ある程度nが大きくなってくるとこの値はほぼ気にする必要がないごく小さな値になります。そのため、フィボナッチ数列はある程度大きな値になってくると、黄金比に関連してくる

$$\left(\frac{1+\sqrt{5}}{2}\right)^n$$

の値が強く影響してくることになります。どういうことかというと、フィボナッチ数列の隣り合った数F_n, F_{n+1}の比をとると、nが大きくなればなるほど

$$F_n : F_{n+1} \fallingdotseq 1 : 1.618\cdots$$

に近づいていきます。この、フィボナッチ数列と黄金比のつながりを踏まえることで、自然界においてフィボナッチ数列が関連していることをより理解することができます。

黄金比を取り入れた長方形を考えると、次のような図を

作ることができます。

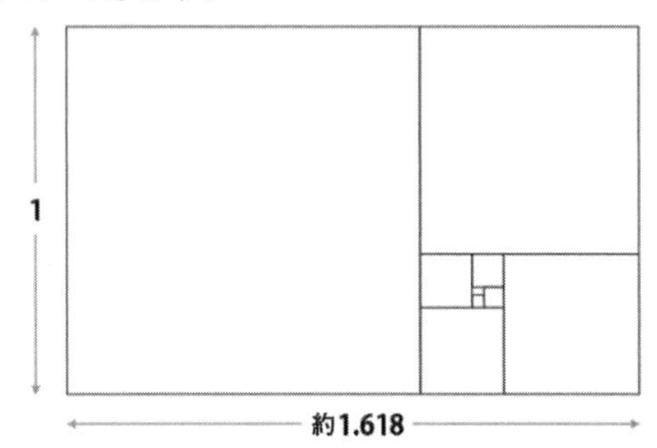

この図のおもしろいところは、「この長方形からいちばん大きく切り取ることができる正方形（図でいうと長さが1の正方形）を切り取ったときに残る長方形は、切り取る前の長方形と同じ縦横比になる」というところ。

さらに同じルールで正方形を取り除いても、残る長方形は同じ縦横比になり、これが無限に続いていきます。

この性質と、生物の成長の仕方を結び付けて考えてみましょう。

自然とフィボナッチ数列の美しい関係

植物は生長するうえで、細胞が分裂して伸びていく箇所と細胞自体が大きくなって拡大していく箇所とが、それぞれ分かれています。

上の長方形も徐々に全体を大きくしていきながら（細胞自体の拡大）、中心部分の分割（細胞の分裂）を続けていくことで、一定の形を保ちながら植物が生長していく様がなんとなく想像できるかと思います。

もちろんこれだけですべてが説明できているわけではないのですが、植物にフィボナッチ数列が関連しているのはただの偶然ではなさそう、と感じていただけたはずです。

フィボナッチが『算盤の書』にフィボナッチ数列をまとめた理由も、自然現象に注目したときにこの数列が現れたからです。彼は「ウサギの出生」に関して一定の規則性があると気づき、その数列をまとめました。この問題は、これをもとにしたものだったのです。

・ウサギはオス・メス1組ずつ子どもを生む
・生まれて2ヵ月後には、毎月1組ずつ子どもを生む

としたときに、はじめを生まれたばかりの1組のウサギとすると、

スタート：1組
1ヵ月後　：1組
2ヵ月後　：2組（1組生まれる）
3ヵ月後　：3組（同じウサギの夫婦がもう1組生む）
4ヵ月後　：5組（はじめからいる夫婦が1組、最初に生まれた夫婦が1組生む）……

1, 1, 2, 3, 5, 8, 13, 21, 34, 55, 89, 144, 233

いまさらですが、正解は233組です。

たしかにこの法則に従ってウサギが生まれていけば、これはフィボナッチ数列に従いますが、なかなか実際に起きることは少なそうです。

今でも重要で有名な数列として扱われるようになったの

は、先ほど紹介したようにウサギ以外の自然現象にも大きく関連していたから。当時フィボナッチはここまで重要な数列であることに気づいていなかったかもしれませんが、自身の本にまとめたことは、間違いなく大きな功績だったといえるでしょう。

発展編 フィボナッチのもう1つの功績

実はあまり知られていないフィボナッチの1つの功績として、「アラビア数字のヨーロッパへの導入」があります。それまではヨーロッパではローマ数字が使われていました。ローマ数字は、

Ⅰ　Ⅱ　Ⅲ　Ⅳ

という表記、アラビア数字は現在も数学でもっとも使用されている

1　2　3　4

という表記です。なぜフィボナッチがローマ数字ではなくアラビア数字を導入しようとしたかは、ローマ数字の弱点に注目すれば一目瞭然です。

ローマ数字を1からもう少し並べていくと、

Ⅰ, Ⅱ, Ⅲ, Ⅳ, Ⅴ, Ⅵ, Ⅶ, Ⅷ, Ⅸ, Ⅹ, Ⅺ, …

となります。注目すべきは10を表す数「Ⅹ」からの数。私たちにとってなじみのあるアラビア数字と比較すると「位」という概念がありません。

100は「C」で表し、1文字で表すことになります。位という概念がなくても、たし算などはある程度スムーズにできますが、かけ算となるとかなりややこしくなります。たとえば、

$$\mathrm{XXVI} \times \mathrm{XIV} = (26 \times 14)$$

という計算、ローマ数字で計算してみてください。文字に慣れていない、というのもあるとは思いますが、式を変換する量がアラビア数字を使う場合よりも多くなるのがわかるはずです。

フィボナッチは、もともとは父親の仕事の関係でアラブ地域に行くことになったのですが、アラビア数字やこの地域での数学に魅了され、エジプト、シリアといくつかの国で数学を学び、『算盤の書』を出版するに至りました。

フィボナッチの業績にともなって、ヨーロッパにもアラビア数字が広がり、現在は世界各地でこの数字が使われるようになりました。

しかし、少し残念な話があります。このアラビア数字、起源はアラビアではないのです。本当はインドが起源となっています。本来はインド数字と呼ばれるものが、ヨーロッパに導入される際に「Arabic numerals」という名前が使われたことで、呼び方がこうなってしまったのです。

フィボナッチ自身、本名（レオナルド・ダ・ピサだそうです）とは異なる名前で呼ばれたうえに数式にその名がつけられ、一方で自分が広めたアラビア数字も本当の起源とは違う名前がつけられてしまったそうです。

Q3

「モンティ・ホール問題」

プレイヤーの前に閉じた3つのドアがあります。

1つのドアの後ろには当たりである「新車」が、2つのドアの後ろには、はずれである「ヤギ」が用意されています。当たりを選べれば「新車」が手に入ります。

まず、プレイヤーが1つのドアを選択したあと、司会のモンティが残りのドアのうち、ヤギがいるドアを1つ開けます。つまり、3つのドアは

- **プレイヤーが選択したドア**
- **司会者が開けた「ヤギ」がいるドア**
- **残っている開けられていないドア**

という状態になります。

ここでプレイヤーは、以下の２つのどちらかを選びます。

- **最初に選択したドアをそのまま選ぶ**
- **残っている開けられていないドアを選びなおす**

あなたはどちらを選びますか。もしくは、どちらを選んだほうが「新車」が当たりやすいと考えますか。

解答編

米国のテレビ番組から生まれた問題

確率の問題で、直感に反するパラドックスといえばこの話は取り上げておくべきでしょう。

米国の名司会者、モンティ・ホールがテレビ番組『Let's make a deal』で、このようなルールのゲームを紹介しました。

実はこの問題、どちらを選んだほうが当たりやすいのか、という議論が長くなされることになりました。

そして、この話を初めて聞いた人は、どちらが当たりやすいか、ぱっと聞いただけではわからないのではないでしょうか。筆者自身もすぐにはわからず、「もしかして同じ確率なのでは」と考えたこともありました。

どちらが当たりやすいかの結論を出すために、少し極端な例を挟んだ説明の仕方を試みていきましょう。

問題は3つのドアの場合でしたが、ドアの数を10個に増やしてみて、先ほどと同様の状況を作っていきましょう。

プレイヤーの前に閉じた10個のドアがあります。1つのドアの後ろには当たりである「新車」があり、9個のドアの後ろには、はずれである「ヤギ」がいます。当たりを選べば「新車」が手に入ります。

プレイヤーが1つのドアを選択したあと、司会のモンティが残りのドアのうち「ヤギ」がいるドアを8個開けてしまいます。つまり、10個のドアは

・プレイヤーが選択したドアが1つ
・司会者が開けた「ヤギ」がいるドアが8個
・残っている開けられていないドアが1つ

という状態になりました。

　ここでプレイヤーは、以下の2つの選択肢のどちらかを選びます。

・最初に選んだドアをそのまま選ぶ
・残っている開けられていないドアを選びなおす

　さて、どちらを選べばいいでしょう？

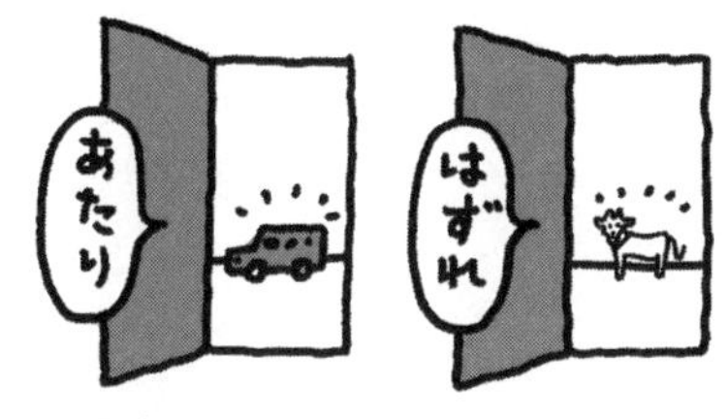

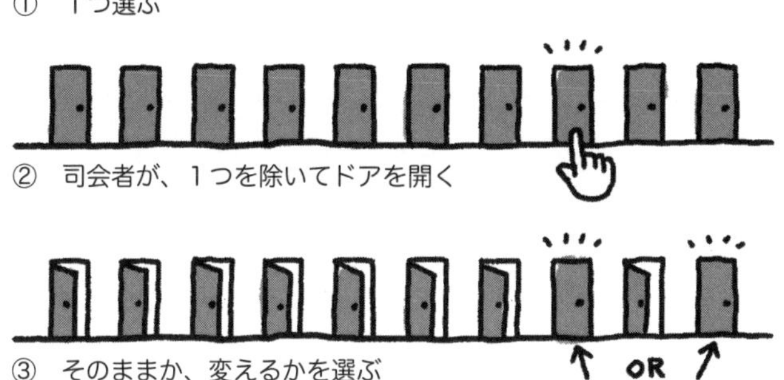

　さて、先ほどと状況がどう異なるでしょうか。

それは、司会者が9個残ったドアのうち8個を一気に開け1個だけ残す、ということ。次々とドアが開けられていくと、残された1個のドアが何かと異様な存在に見えてきますよね。

その残された1個のドアの奥に新車があることが確定しているわけではありませんが、はじめに選んだドアの奥に新車がある確率よりも、あきらかに高い確率になりそうです。

では、具体的にどれくらいの確率なのでしょうか。

・最初に選んだドアをそのまま選ぶ

という選択は、よくよく考えてみれば、選んだあとの司会者の行動などとはいっさい関係なく、最初に10個のドアのうち1個だけ選んだ、という行為に過ぎません。つまり、これで当たる確率は1/10ということがいえます。

そして、

・残っている開けられていないドアを選びなおす

という選択は、9個の選択肢を1個の選択肢に絞っている状況、つまり、先ほどの1/10の確率以外の9/10で当たる確率を、1個のドアに集約している、と考えることができます。

したがって、選びなおした場合の当たる確率は9/10になります。

1/10と9/10ということで、選びなおしたほうが9倍当たりやすいのです。

さて、では冒頭の話に戻してみましょう。3個のドアの場合だとどうなるか。

最初に選んだドアのままの確率は1/3、そして選びなおした場合は残りの2/3ということになります。

つまり、選びなおしたほうが2倍当たりやすいということです。

2倍も当たりやすいというのは少し意外だったかもしれませんが、これだけ選択肢によって差がでる問題だったというわけです。

とはいえ、直感に反するパラドックスの代表的な例であることは変わりありません。ぜひ、先ほどの例のように極端にドアの数を増やした状況を、実際に紙コップなどを使って試してみて、実感していただきたいです。

1つ目のパラドックスの読み解き方は、シチュエーションを少し極端な例に置き換えて考えてみるとわかる、というものでした。

発展編　抜き打ちテストのパラドックス

発展編として、身近な状況で起きそうなパラドックスをご紹介します。題材は「抜き打ちテスト」です。

ある学校の先生が、こういう発言をしました。

「来週の平日、どこかで抜き打ちテストを行う」

よくあるシチュエーションかもしれません。ですが、よく考えてみると、ここでは不思議なことが起きています。

「抜き打ちテスト」とは、その名前からもわかるように「予期していないタイミングで行われるテスト」のこと。

その「予期していないタイミング」が近々起きると「予告」しているのが、先ほどの先生の発言なのです。

予告されているということは、予期することができてしまい、そうなると抜き打ちテストが抜き打ちテストではなくなってしまうのです。

さて、このおかしな出来事をもう少し細かく分析していきましょう。

平日のどこかということで、月曜、火曜、水曜、木曜、金曜のどこかで抜き打ちテストを行う、と先生は言っていることになります。

金曜日にテストすることに気づかれる？

先生が仮に金曜日に抜き打ちテストを行う予定だったとしたらどうでしょう。

そうなると、木曜日の授業が終わるまでに抜き打ちテストが行われることはありません。だとしたら、金曜日に行われるということが生徒に気づかれてしまい、抜き打ちテストとは言えなくなります。

つまり、先生は金曜日に抜き打ちテストをやらない、ということがわかります。

ということで、残りの可能性のある曜日は月曜、火曜、水曜、木曜に絞られます。

続いて木曜日に抜き打ちテストが行われると仮定した

ら、水曜日の授業が終わるまでテストが行われません。

ただ、その時点で生徒は、金曜日にテストをしないことがわかっているので、木曜日に抜き打ちテストが行われることに気づき、またもや抜き打ちテストではなくなります。

同じように水曜日に抜き打ちテストがあると仮定したら火曜日の時点で生徒は気づいてしまい、火曜日に抜き打ちテストがあると仮定すると月曜日の時点で生徒は気づいてしまい……ということになり、最終的には「先生は抜き打ちテストを行うことができない」という結論になってしまいます。

この問題、「抜き打ちテストを行う」と言ったものの「抜き打ちテストが行われることがない」というパラドックスでまとめられそうですが、実はもう1つ展開があります。

先ほどの分析により生徒は「抜き打ちテストが行われることがない」と安心しているということで、逆に先生はいつでも抜き打ちテストを行うことができてしまうのです。結局は先生の発言のとおりの展開になってしまいました。

1つ1つ分析していくと、途中で二転三転しました。さて、この話はどのように捉えることで混乱を避けることができるのでしょうか。実は、これは先生の発言を信じるか信じないかで状況が変わってくるのです。

もし、先生の話を信じない場合は「来週平日中に予期できるテストは行われない」という考えになります。

しかし、そう考えていることで「ある日テストが行われたら」、そのテストは「予期できなかったテスト」となり、生徒からしたら抜き打ちテストを受けることになった、と言えます。
一方、先生の話を信じた場合は「来週平日中に予期できないテストが行われる」ということになりますが、先ほどの金曜日に行われると仮定したときの論理展開にしたがって考えると「どの曜日でも予期できてしまう」ので、つまりは「来週平日中に予期できないテストは行われない」ということにもなります。この、

「来週平日中に予期できないテストが行われる」
「来週平日中に予期できないテストは行われない」

の2つの結論が、同時に導かれていることが混乱してしまう要因なのです。なぜなら、この2つはあきらかに同時に起きない出来事だからです。
このように、2つの同時に起きてはいけないことが並んでしまうような主張や定義を作ってしまうと、パラドックスが起きてしまいます。
こういったパラドックスをどう捉えるかを考えるうえで、数学的な視点が役立つことは、先ほどの分析の仕方で体感いただけたかと思います。逆に、数学者はこういう矛盾を避けるような定義や公理を組み合わせて数学の分野を創り上げている、という視点もあります。
直感的に受け入れがたい事象があったときも、どういう要素が組み合わさって受け入れがたいものになっているか、しっかりと向き合っていくことで、その事象がおかしなものであったとしてもなぜおかしいのか、わかりやすく整理することができます。

Q4

「油分け算」に挑戦！

６Ｌの枡(ます)でぴったり１Ｌをはかる方法は？

たとえば、容量が6Ｌの枡で１Ｌ、２Ｌ、３Ｌ、…、6Ｌをはかるにはどうすればよいでしょうか？

頭をやわらかくして考えてみてください。

解答編

江戸時代の数学パズル

「油分け算」という言葉を聞いたことがありますか？

日本の数学「和算」でも取り上げられている数学パズルの一種で、複数の容器で決められた量の油をはかる、といったものです。

有名なものに次のような問題があります。問いの答えを考える前に、頭の柔軟体操です。

３Ｌ入る容器と５Ｌ入る容器で４Ｌをはかる方法は？

想定される解法は以下の通り。

まず5Ｌの容器に水を入れ、そこから3Ｌの容器が満タンになるように注ぎます。すると、5Ｌの容器には2Ｌの水が残ります。3Ｌの容器に入っている水をすべて捨て、5Ｌの容器に入っている2Ｌの水を3Ｌの容器に入れなおし

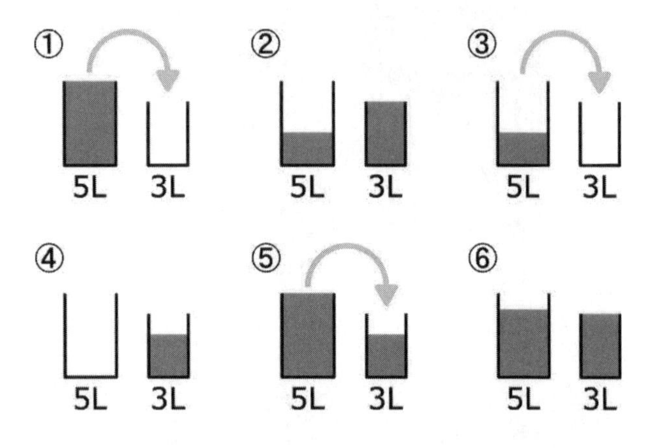

ます。ふたたび5Lの容器に水を入れ、3Lの容器が満タンになるように移し替えると、3Lの容器には1Lだけが注がれることになります。つまり、5Lの容器には4Lの水が残ります。

ほかにも10L、7L、3Lの3つの容器だけを使って5Lをはかる問題や、8L、5L、3Lの容器を使って4Lをはかる問題など、数値や容器の数が異なる問題は数多く存在します。

この容器以外の場合の問題を自作したという人もいるかもしれません。筆者も子供のころいろいろな条件の問題を作った記憶があります。

そのとき、1つの疑問が浮かびました。

「どんな容器を用意しても、任意の量を作ることができるのだろうか」

たとえば「4Lと2Lの容器から1Lをはかることはできない」ということや「8Lと12Lの容器から3Lをはかることはできない」ということは子供ながらに気がついていました。

しかし当時は厳密な証明方法をわかっていたわけでもなく（そもそも数学の用語で「証明」という言葉があることすら知らないころの話）、「4Lと2Lの容器から1Lをはかる」ことと、それらの量を半分ずつにした「2Lと1Lの容器から0.5Lをはかる」ことが同じことであると理解し、整数のたし算とひき算から小数を作ることができないからきっとできないのだろう、と捉えていました。

このことを利用すると、上で挙げた疑問は

「ある容器同士（お互いが１以外の共通の約数を持つ容器同士）では、作ることができない量が存在する。では、任意の量を作ることができる条件は何か」

となります。

この疑問を解決するために、油分け算と関係が非常に深い、不定方程式という分野に踏み込んでいきます。

「油分け算」と「不定方程式」

不定方程式とは何か？　簡単にいうと、よく見かける方程式は、

$$x + 3 = 5$$

という一次方程式や

$$\begin{cases} x + y = 6 \\ 2x + 3y = 16 \end{cases}$$

の連立方程式のように、未知数xやyの値が定まるような式のことを指します。

一方で、不定方程式では解が特定の値に定まるというより、複数の組み合わせがあるような式となります。

たとえば上の連立方程式の1つだけの式

$$x + y = 6$$

だけが与えられた場合、これは不定方程式といってよいでしょう。xとyの組み合わせが

$$(x, y) = (2, 4)(1, 5)(0, 6)\cdots$$

と、整数解に限ったとしても無限に存在します（もちろん $2x + 3y = 16$ 単体でも不定方程式となります）。

さて、このような不定方程式には以下のような性質があります。

「a, b を互いに素な整数としたとき、方程式 $ax + by = 1$ を満たすような整数解 x, y が存在する」

証明はここでは割愛しますが、たとえば冒頭で取り上げた5Lと3Lの問題で考えると、

$5x + 3y = 1$　を満たす整数解 x, y が存在する

といった性質があるのです。

この場合、x と y の1つの解は

$$(x, y) = (-1, 2)$$

となるわけですが、これは何を表しているのでしょうか。文章でいうならば、

「ある容器に3Lの容器で2杯水を入れて、そのあと5Lの容器で1杯水をすくって捨てると、残りは1Lとなる」

ということなのです。これで、不定方程式と油分け算の関係が見えてきたことでしょう。

この問題は4Lをはかるという問題でしたので、

$$5x + 3y = 4$$

の x, y も考えてみましょう。解の1つは

$$(x, y) = (2, -2)$$

つまり、

「ある容器に5Ｌの容器で2杯水を入れて、そのあと3Ｌの容器で2杯水をすくって捨てると、残りは4Ｌとなる」

ということ。

問題と見比べてみると、実はほぼ同じ行動をとっていることになります。

まず「5Ｌの容器に水を入れ」、そこから3Ｌの容器が満タンになるように注ぎます。すると、5Ｌの容器には2Ｌの水が残ります。「3Ｌの容器に入っている水をすべて捨て」、5Ｌの容器に入っている2Ｌの水を3Ｌの容器に入れなおします。「ふたたび5Ｌの容器に水を入れ」、3Ｌの容器が満タンになるように移し替えると、3Ｌの容器には1Ｌだけが注がれることになります。つまり、5Ｌの容器には4Ｌの水が残ります。

カギ括弧でくくった部分で、5Ｌの容器に水を2杯入れ、3Ｌの容器で水を1杯捨てていることがわかります。また、最後に3Ｌの容器に残った3Ｌ分の水は4Ｌの水には関係がないので、実質捨てられたものと考えると、3Ｌの容器2杯分捨てていることになります。

不定方程式と油分け算の関連性がわかったことで、

「どんな容器を用意しても、任意の量を作ることができるのか」

の疑問を解決することができました。つまり、

「互いに素である値の量の容器同士であれば、任意の整数

値の量を作ることができる」
ということです。これは油分け算を解くことへのハードルを下げる知識であり、また、油分け算の問題を簡単に作ることができる知識といえるでしょう。ぜひ、いろいろと値を変えて考えてみてください。

ただし注意として、容器が3つの場合で、その容器のなかで水を行ったり来たりさせるような問題だとこの方法が利用できませんのでお気を付けください。

発展編　1つの容器で油分け算を実現

日本の数学、和算において油分け算が有名ですが、和算よりもさらに古く、約1300年の歴史があるとされているある容器の話をここで紹介しましょう。

「枡」という、今ではお祝い事でお酒を入れるときに使われることで見かける程度になってしまったこの道具、実は数学的に興味深い活用方法があるのです。作られた当時からこのような使われ方をしていた、というわけではないのですが、たとえば円柱型のバケツやコップなどと比べると、直方体のこの形状を活用することで便利にはかることが可能です。

たとえばちょうど6L入る枡があるとします。この容器を使って、1Lから6Lまでをはかることができるのです。

わかりやすく、以下のような図を用いて考えましょう。

その方法は以下のとおり。

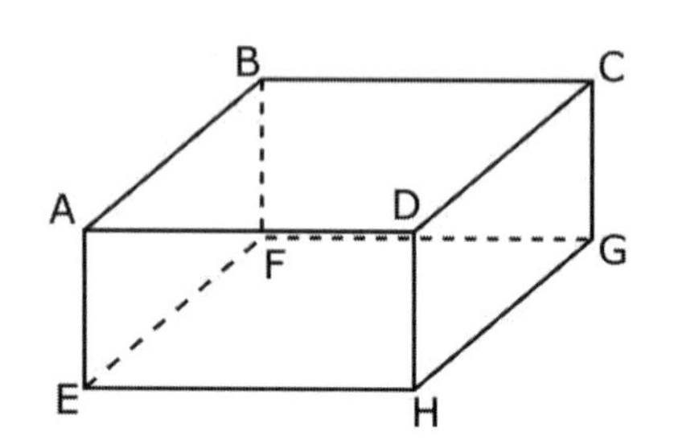

1 L

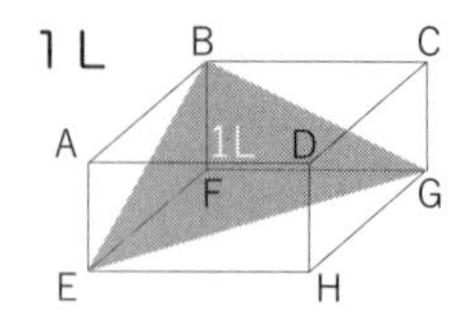

水面がBEGを通るよう斜めに傾ける。残った量が１Ｌ。

2 L

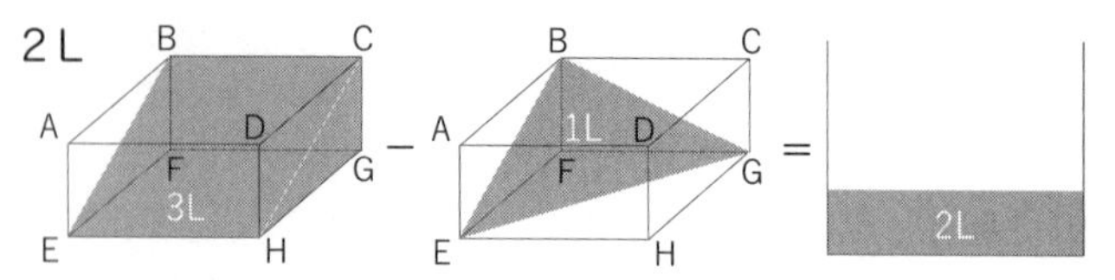

水面がBCHEを通るように横に傾ける。続いてBEGを通るように傾けたときにあふれた量が２Ｌ。

3 L

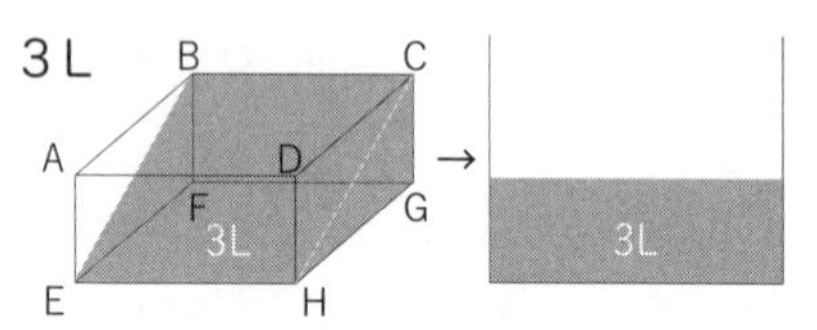

水面がBCHEを通るように横に傾ける。残った量もあふれた量も３Ｌ。

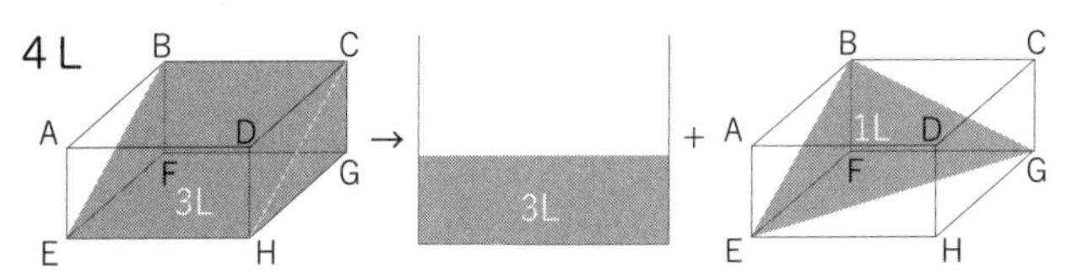

水面がBCHEを通るように横に傾ける。続いてBEGを通るように傾ける。はじめにあふれた水と、最後に残った水を合わせると4L。

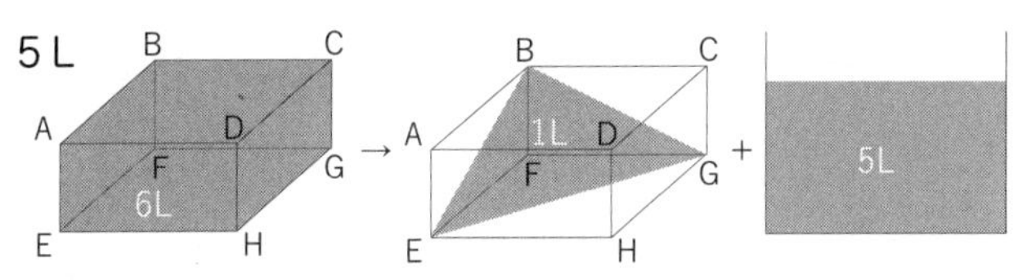

水面がBEGを通るよう斜めに傾ける。あふれた量が5L。

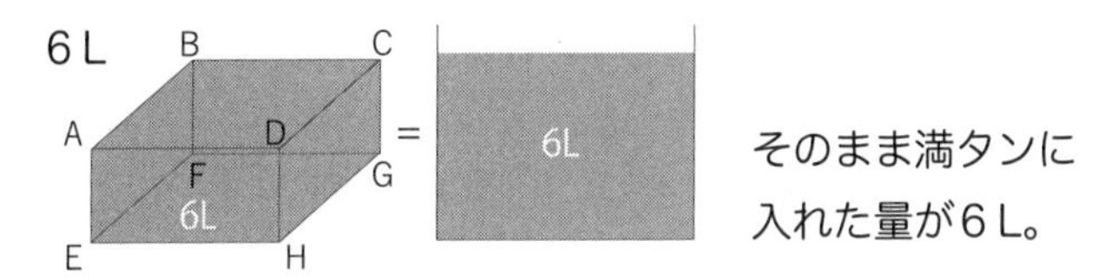

そのまま満タンに入れた量が6L。

いかがでしょう。実にシンプルな工程でさまざまな量をはかることができてしまいます。

念のための補足ですが、3Lをはかる方法のときには、水面がちょうど直方体を半分に切った形状になっているから、はかることができます。

1Lをはかるときは、底面積が半分で高さがもとの直方体と等しい三角錐ができているので、もとの直方体の半分のさらに3分の1である6分の1の体積をはかることができている、ということです。

Q5

数を数える「単位」1

〈A〉粍、糎、粉、米、粁、粨、粁
〈B〉瓩、瓼、瓰、立、瓧、瓸、瓩

〈A〉〈B〉はそれぞれあるものの量を表す単位です。なんの量を表しているのでしょうか？

万、億、兆、京、垓、秭、穣、溝、澗、正、載、極、恒河沙、阿僧祇、那由他、不可思議、無量大数

これなら、なじみのある漢字も入っていると思いますので、簡単かもしれません。答えは、「大きな数（大数）を表す言葉」です。

では、上の〈A〉〈B〉は……。

解答編

〈A〉粍、糎、粉、米、粁、粨、籵
〈B〉竓、竰、竕、立、竍、竡、竏

「粉」「米」「立」などはなじみがある漢字ですが、あとは見慣れないものたちが並びます。

実はこれらの漢字は、ある単位を表しています。

〈A〉は“長さ”の単位
〈B〉は“かさ”の単位

それぞれの列の真ん中にある漢字、「米」が「メートル」を指し、「立」が「リットル」を指します。では、ほかの漢字は何を指す漢字なのでしょうか。

ここでほかの漢字の「つくり」部分にある漢字を取り出してみましょう。すると、「毛」「厘」「分」、そして「十」「百」「千」が出てきます。

この時点で何を指すのか、気づく方もいるかもしれません。

メートルの「米」に「千」がくっついた「粁」は、その漢字のとおり、メートルの1000倍という意味を持ちます。つまりメートルの1000倍の長さの単位「キロメートル」を指します。

ほかの漢字も同様に考えることができ、「粨」はメートルの100倍の長さの単位、「籵」はメートルの10倍の長さの単位を表す漢字です。あまり聞きなれない言葉かもしれませんが、「粨」は「ヘクトメートル」、「籵」は「デカメートル」という名前がついています。

「長さ」はどこまで数えられるか

分、厘、毛は、逆に10分の1、100分の1、1000分の1を表す漢字です。「1割2分5厘」のように、割合を表現するときに使われる言葉としておなじみですね。

長さの単位として考えてみると「粉」はメートルの10分の1の長さである「デシメートル」、「糎」は100分の1の長さである「センチメートル」、「粍」は1000分の1の長さである「ミリメートル」を表します。

まとめるとこうなります。

粍＝ミリメートル
糎＝センチメートル
粉＝デシメートル
米＝メートル
籵＝デカメートル
粨＝ヘクトメートル
粁＝キロメートル

この考え方を応用すると、〈B〉の漢字が何を指すのかも、以下のようにまとめられます。

竓＝ミリリットル
竰＝センチリットル
竕＝デシリットル

立＝リットル
竍＝デカリットル
竡＝ヘクトリットル
竏＝キロリットル

これらの漢字は、ほとんどが日本で生まれたものです。明治24年（1891年）に公布された「度量衡法」でメートル法を採用した際に、これらの漢字が当てられました。

まだ英語やカタカナ表記よりも漢字表記がなじみ深い時代だったからこそ漢字で単位を表していましたが、時代とともにカタカナやアルファベットで単位を表すようになりました。

ほかの単位も漢字が当てられており、明治32年に出版された『度量衡制度詳解』で確認することができます。下に『度量衡制度詳解』の中身が見られるURLを掲載しておきますので、ぜひご覧になってください。

このように大きな数やその数え方を簡便化するために、さまざまな工夫がなされてきました。

※度量衡制度詳解
https://dl.ndl.go.jp/info:ndljp/pid/802044/28

Q6

数を数える「単位」2

水１Lの重さは“ほぼ”１kg。
この“ほぼ”が入る理由は？

解答編

「1辺10 cmの立方体に水を満タンに入れたとき、その水の量は1Lとなり、重さはほぼ1kgになる」

これを聞いて「へえ、知らなかった」「え、当たり前じゃん」とどちらの反応をしましたか？

長さの単位と重さの単位、そして量の単位はこのようにつながりがあります。

この話、決して偶然ではなく、明確な背景があります。ふだん何気なく使っている「単位」は、掘り下げてみると大変興味深い話がたくさんあるのです。

あの単位とあの単位の意外な関係性

単位についてはじめてちゃんと習うのは小学校の算数です。

長さ　m、cm、km、など
時間　日、時、分、秒、など
容積（かさ）　L、dL、mL、など
重さ　g、mg、kg、など
速さ　m/秒、km/時、m/分、など
面積　cm^2、m^2、ha、など
体積　cm^3、m^3、mm^3、など

中学以降、基本的に数学の範囲においてはこれ以上の単位の種類は出てくることはありません。つまり、数学において使われる単位のほとんどは、小学校のうちに学び切る

ものです。
算数だけに単位の勉強を詰め込みすぎて大変だ！　ということではありません。この事実は、「算数と数学の違い」を体現している具体例といえるのです。
算数よりも数学のほうが抽象的なものを扱うことが多く、その数学で使う計算手法を身近な具体例をまじえつつ学ぶのが算数である――こういう関係なので、身近な実在するものに関連する「単位」は算数のうちに学び切る、という構造になるわけです。

実はあの単位、古代から使われている

先ほど挙げた単位のなかで、いちばん古くから「概念」として使われてきたものは「日」や「時」「分」など「時間」を表す単位です。ところが、史料においてもっとも古くから存在が確認できているものは「長さ」の単位です。最初に出現するのは紀元前6000年ごろといわれており、「キュビット」という単位が存在していました。
他の単位も、現代とは別の名称ですが、たとえば重さは「シケル」、面積は「エーカー」、体積は「ガロン」といったものが、いずれも古くから存在していました。
単位は、人間が生活をしていくために必要不可欠な存在であったからです。
これら初期の単位の基準は、生活に紐づいたものから生まれています。
長さの単位「キュビット」は、人のひじから指先までの長さを1キュビットとしていました。身体の一部のなかで

も、動かしやすい部分を基準として使っていたわけです。

重さの単位「シケル」は小麦180粒を1シケルとし、これも、農作物のなかで代表的なものを基準としていました。

体積の単位「ガロン」も同じく小麦を基準としたものです。歴史的には小麦7000粒（1日分のパン、つまり1斤に相当）を1ポンドとし、重さ8ポンドの小麦の体積を1ガロンとする、と定められていたのです。

ちなみに面積の単位「エーカー」の基準はユニークで、なんと、牛が1日に耕せる畑の広さを1エーカーとしていました。

今では考えにくい発想ではありますが、まさに「生活に紐づいたところに単位があった」という歴史的事実を象徴している話です。

しかし、現在の単位と比較すると、長さも面積も体積も、そもそもの基準がバラバラになっていて、なんとなく不便に感じませんか？

そこで、文明や学問が発展していくにつれて、単位はできる限りシンプルに、使いやすいものになっていきました。

その代表的な動きがフランス革命を境にはじまった、メートルの開発とメートル法の設立です。

18世紀後半にあったフランス革命を機に、単位の統一がはじまりました。ここでの統一は、「世界共通の単位を作る」というもの。

1kgと1Lがほぼ同じな理由

19世紀末にメートル条約が制定され、ここで重さと長さと体積の基準が関連付けられます。その関連付けとは、
「1辺10cmの立方体に水を満タンに入れたとき、その水の量を1Lとし、重さを1kgとする」
というもの。合わせて、平方メートルや立方メートルという単位もここで生まれています。この問題は、ここで誕生したのです。もう一回ここに載せておきましょう。

「水1Lの重さは“ほぼ”1kg。この“ほぼ”が入る理由は？」

歴史としては、最初にメートルが定められてから数十年後、「メートル原器」や「キログラム原器」というものが誕生します。

金属を使用し、それぞれ「1メートル」の長さと「1キログラム」の重さを表した、単位の基準となるものです。これにより、再びメートルとキログラムの基準がバラバラになります。

さらに1983年、メートルの基準は「光が真空中で299792458分の1秒の間に進む距離」と制定され、重さの基準も2019年に「プランク定数」という時間と長さに関連する基準に変わります。

現在の長さの単位と重さの単位は、次ページの図のように時間の単位も含めて、別の形でつながりあう関係になっ

ています。

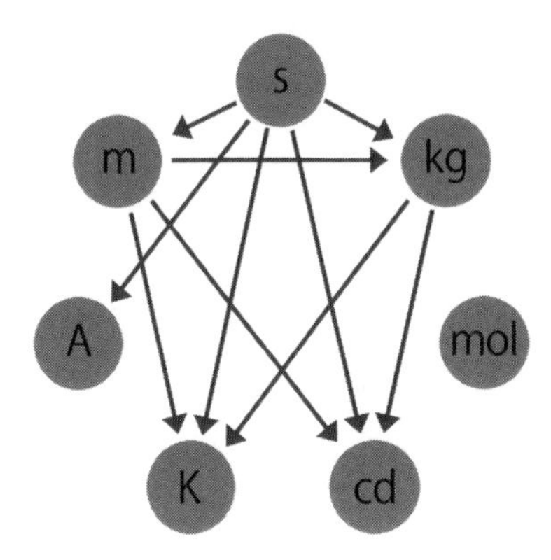

問題文に「ほぼ」とつけたのも、こうした変化が背景にあります。

メートル法制定時に作られた「長さと重さの関係」は、ほんのわずかですが変化しました。そのため、10 cmを1辺とした立方体に入る水の重さは1 kgちょうどではなく、「ほぼ1 kg」となったのです。

といっても、本当にごくわずかにズレている、または、計測時にわずかな誤差が生じてしまう、というだけのことです。

また、もう1つの理由として、水は温められると膨張しますから、同じ体積でも冷たい水のほうがわずかに重くなってしまいます。こうした、水の密度にかかわる誤差をなくすために、キログラム原器が作製されたのです。

発展編 単位の前につく「接頭辞」

ここでは、「接頭辞」と呼ばれる便利な記号について紹介します。

単位における接頭辞とは「キロ」「メガ」「ミリ」「マイクロ」など、単位の手前につけるものです。

メートル法ができたタイミングで定められたものもあれば、測定する規模が大きくなったり小さくなったりしたことで必要になり、近年定められたものもあります。これらの接頭辞の由来をさかのぼってみると、意外な発見がありますので、順を追って説明していきましょう。

メートル法が定められたのは18世紀末、そのときに定められた接頭辞はキロ、ヘクト、デカ、デシ、センチ、ミリ。

キロの由来は「1000」を意味するギリシャ語のキーリオイ、ヘクトは「100」を意味するギリシャ語のヘカトン、デカは「10」を意味するギリシャ語のデカ、デシは「10分の1」を意味するラテン語のデキムスと、現在使われている接頭辞の意味合いそのままの単語が由来になっています。

当時、「大きい値を表す接頭辞にはギリシャ語、小さい値を表す接頭辞にはラテン語をもとに命名する」と決められ、このように命名されました。

ですが、センチは「100」を意味するラテン語のケントゥム、ミリは「1000」を意味するラテン語のミリ、と単語の由来と意味が逆転（センチは100分の1、ミリは1000

分の1を表します）しています。

接頭辞	記号	由来	十進法表記	1000の何乗か	10の何乗か
キロ(kilo)	k	1000	1000	1000^1	10^3
ヘクト(hecto)	h	100	100		10^2
デカ(deca)	da	10	10		10^1
			1	1000^0	10^0
デシ(deci)	d	10分の1	0.1		10^{-1}
センチ(centi)	c	100	0.01		10^{-2}
ミリ(milli)	m	1000	0.001	1000^{-1}	10^{-3}

なぜこのような由来の選出をしたのかはわかりかねますが、このように、何かの単語をもとに接頭辞は作られていきます。

その後、現在では使われていない接頭辞がいくつか導入されていきますが、いまも使われている接頭辞が次に追加されたのは19世紀終わりごろ。それぞれギリシャ語のメガス＝「大きい」、ミクロス＝「小さい」が由来となる、メガとマイクロが導入されます。

1960年、メートル法の後継として、現在も使われている「SI（国際単位系）」が誕生します。

このSIの制定とともに、新たに4つの接頭辞が取り決められます。それぞれギリシャ語で怪物を意味する「テラス」よりテラ、巨人を意味する「ギガス」からギガ、小人を意味する「ナノス」からナノが制定されました。

1つだけ仲間外れで、イタリア語で小さいを意味する「ピッコロ」からピコが制定されています。

ここまでを表に整理してみても、由来となった単語のばらつきが生じはじめていますが、さらにここからややこし

接頭辞	記号	由来	十進法表記	1000の何乗か	10の何乗か
テラ(tera)	T	怪物	1000000000000	1000^4	10^{12}
ギガ(giga)	G	巨人	1000000000	1000^3	10^9
メガ(mega)	M	大きい	1000000	1000^2	10^6
キロ(kilo)	k	1000	1000	1000^1	10^3
ヘクト(hecto)	h	100	100		10^2
デカ(deca)	da	10	10		10^1
			1	1000^0	10^0
デシ(deci)	d	10分の1	0.1		10^{-1}
センチ(centi)	c	100	0.01		10^{-2}
ミリ(milli)	m	1000	0.001	1000^{-1}	10^{-3}
マイクロ(micro)	μ	小さい	0.000001	1000^{-2}	10^{-6}
ナノ(nano)	n	小人	0.000000001	1000^{-3}	10^{-9}
ピコ(pico)	p	小さい	0.000000000001	1000^{-4}	10^{-12}

くなってきます。

1964年と1975年、それぞれさらに小さい接頭辞と大きい接頭辞が制定されます。小さい接頭辞としてフェムトとアト、大きい接頭辞としてペタとエクサという名称が生まれたのです。

フェムトはデンマーク語で15を意味するフェムテンに、アトは同じくデンマーク語で18を意味するアテンに由来します。ペタとエクサは、ギリシャ語で5と6を意味するペンテとヘクスから名付けられました。

いよいよ名前の付け方がおかしくなってきたように見受けられますが、そうでもありません。よく考えると、フェムトとアトはそれぞれ10のマイナス15乗、10のマイナス18乗を表すので、この名前の付け方になっているのです。ペタとエクサも、1000の5乗、1000の6乗を表すから、由来となる単語の数字と整合性がとれていることが理解できます。

ただ、その単語の意味は「大きい」のような概念にするのか、「6」のような数字にするのか、どちらかに統一すべきだったのでは……と思ってしまいます。

やがて、名付ける側もその反省を踏まえたのか、名付ける基準をそろえるようになります。

1991年にはヨタ、ゼタ、ゼプト、ヨクトという接頭辞が制定されます。ゼタ、ゼプトは7を意味するイタリア語のセッテやギリシャ語のセプタから、ヨタ、ヨクトは8を意味するイタリアのオットやギリシャ語のオクトから作られました。

そして、2022年11月に開催された第27回国際度量衡総会において、10^{30}、10^{27}、10^{-27}、10^{-30}のSI接頭語の名称と記号が新たに承認されました。

長さにおいてはヨタメートル（Ym）で宇宙空間の大きさを表すことが十分可能ではありますが、デジタルデータ量などにおいては遠くない近年で、新しい接頭辞が必要となる未来が見えつつあります。

10^{30}はquetta（クエタ）で「Q」、10^{27}はronna（ロナ）で「R」、10^{-27}はronto（ロント）で「r」、10^{-30}はquecto（クエクト）で「q」と表記することになりました。元となった単語があるというよりは、頭文字が「Q」と「R」になることを前提とし、ラテン語やギリシャ語の単語を参考にして作られました。さまざまな工夫のもと、現在の接頭辞というものが存在するのですね。

接頭辞	記号	1000の何乗か	10の何乗か
クエタ(quetta)	Q	1000^{10}	10^{30}
ロナ(ronna)	R	1000^{9}	10^{27}
ヨタ(yotta)	Y	1000^{8}	10^{24}
ゼタ(zetta)	Z	1000^{7}	10^{21}
エクサ(exa)	E	1000^{6}	10^{18}
ペタ(peta)	P	1000^{5}	10^{15}
⋮	⋮	⋮	⋮
フェムト(femto)	f	1000^{-5}	10^{-15}
アト(atto)	a	1000^{-6}	10^{-18}
ゼプト(zepto)	z	1000^{-7}	10^{-21}
ヨクト(yocto)	y	1000^{-8}	10^{-24}
ロント(ronto)	r	1000^{-9}	10^{-27}
クエクト(quecto)	q	1000^{-10}	10^{-30}

※接頭辞に関しての参考資料

https://unit.aist.go.jp/nmij/info/SI_prefixes/index.html

※データ量に関する参考資料

https://dcross.impress.co.jp/docs/news/000202.html

Q7

ユークリッドの『原論』

ある数の平方に8を足した数が、もとの数の6倍に等しい。ある数とは何か。

解答編

数の分類とその歴史をたどる

問題の答えを考える前に、まずは、数学において欠かせない「数」について数学史を紐解いていきましょう。

数は、その性質によって「○○数」と名前がつけられ、分類されますが、その分類の仕方はたくさんあります。

たとえば「偶数」と「奇数」。これは2で割り切れる整数であれば偶数、そうでない整数であれば奇数という分類がなされています。

また、「素数」と素数ではない数、つまり「合成数」で分けることもできます。素数は1とその数自身以外で割り切れない数のことを指し、それら以外の何かで割り切れる数を合成数といいます。

この分類の仕方は「自然数」ないしは「整数」をくまなく分類していることになります。「1, 2, 3, 4, 5,…」といった「自然数」は「素数」か「合成数」のどちらかに当てはまり、自然数に「0, －1, －2, －3, －4, －5,…」を加えた「整数」は「偶数」と「奇数」のどちらかに当てはまります。

では、このような分類はいつごろからなされていたのでしょうか。

「奇数」と「偶数」という分類は、名前こそなかったものの、紀元前6～前5世紀ごろのピタゴラスがいた時代にはすでに発想としては生まれていたようです。

ピタゴラスは「万物の根源は数である」という思想のも

と、あらゆる事象は数で表すことができるという考えを主張していました。そのピタゴラス学派に所属していたフィロラオスが偶数・奇数という分類について言及していたとされています。

ちなみに偶数を英訳すると“even number”で、evenは「均等な」という意味を持ちます。2人で分けると均等になることからこの名前になったといわれています。

一方、奇数は“odd number”（変な数）であり、均等になっていない様を表しています。

また、「素数」と「合成数」という分類も古くからすでに存在していました。

紀元前1600年ごろの古代エジプトでも、素数と合成数で異なる性質を持っていることがわかっている記述があり、紀元前3世紀に数学者のユークリッドが「素数は無限個ある」ということを記述した『原論』という数学書を書き上げています。

「奇数・偶数」「素数・合成数」での数の分類の仕方は、はるか古来のものなのです。

さて、ここまでは「整数」や「自然数」のなかにおける分類の話をしてきましたが、数は「整数」や「自然数」以外にも存在します。

たとえば「小数」や「分数」などがありますが、現在一般的に使われている数の分類は、次ページの図のようになっています。

先ほど挙げた「小数」「分数」は「整数でない有理数」に含まれます（2/2などのように、整数も分数表記はでき

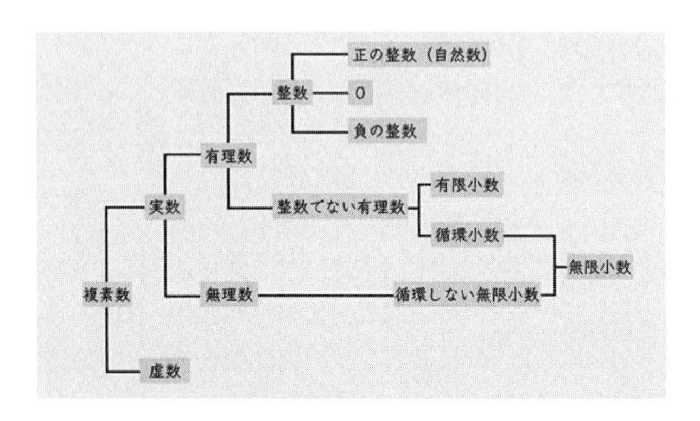

ますが、ここではそれらを除く分数のことを指しています）。

上記の数の分類は、ピタゴラスの時代にすでに扱われていたものがほとんどである、と聞くと数の歴史を非常に長く感じるのではないでしょうか。

しかしながら、ピタゴラスは上記のうち「無理数」の存在を否定し続けたとされています。「無理数の存在を肯定し広めようとした弟子を海に沈めた」という逸話もあるほどです。

紀元前の時代にほとんどの数の分類がなされていたなかで、最後まで登場しなかったのが「虚数」です。

虚数は今から500年ほど前にその存在について言及されました。虚数とはご存じの「2乗すると－1になる」という数で、実物として目にすることができない数。

そんな一見存在してはいけないような数を、なぜ過去の数学者たちは作り上げることにしたのでしょうか。

実は、3次方程式の解を求めるうえで、どうしても虚数の概念を受け入れないと説明がつかなくなってしまう、という出来事が起きたのです。

これまで大きな功績を残してきた数学者のなかでも受け入れることに対して賛否両論だった虚数。現在ではさまざまな現象を考えるうえでとても大切な存在になっており、物理や化学をはじめとした数多くの分野を研究するうえで欠かせないものとなっています。

これは余談ですが、近代ではこの数の分類をさらに拡張した数学の分野が発展してきています。たとえば「四元数」という複素数を拡張したものがあります。四元数の定義を具体的にいうと、

$$i^2 = j^2 = k^2 = ijk = -1$$

といった関係をもつ虚数単位 i, j, k があり、実数 a, b, c, d を用いて

$$a + bi + cj + dk$$

と表せる数となります。これだけ見ても少し複雑かもしれませんが、i, j, k の関係性をかけ算の表にすると右のようになります。

×	1	i	j	k
1	1	i	j	k
i	i	-1	k	$-j$
j	j	$-k$	-1	i
k	k	j	$-i$	-1

座標上で考えると、このかけ算は空間内での回転と捉えることができま

す。虚数となると実社会とのつながりから遠く感じる方もいると思いますが、実はこの四元数は、3Dゲームなどの処理技術として活躍しています。

方程式を違った視点でみる

ちょっと余談が長くなりました。

この問題は、先ほども登場した古代の大数学者ユークリッドの『原論』に書き記されているものなのです。

その歴史とともに、方程式を違った視点で考える方法を紹介していきます。

方程式といわれて想像するものは、

$$x + 1 = 5$$

といった、未知数“x”を使った「式」のことのはず。そして、その解法はたとえば、両辺から1を引いて

$$x + 1 - 1 = 5 - 1$$
$$x = 4$$

というように解くというものになるでしょう。

もちろん昔からこのような考え方は使われていましたが、実は今とは違った方法も使われていました。

その方法とは「図形的」に解釈する方法。

ユークリッドの『原論』では、二次方程式を解くうえで図形的手法を利用しています。そもそもこの時代には未知数を「x」と記す習慣はなく、

ある数の平方に8を足した数が、もとの数の6倍に等しい。ある数とは何か。

といった表現で問題を記述していました。

現在の方程式の書き方をすると

$$x^2 + 8 = 6x$$

となり、二次方程式のことを指していることがわかります。

では、上記のような問題を図形的に解く方法を説明していきましょう。

この方法は、9世紀に書かれた数学書には記録されており、少なくともこの時代にはこのような解法が編み出されていたことがわかります。

ある数の平方ということで、ある数をxとおきます。xの平方を図にするということで、1辺がxで面積がx^2の正方形を描くことができます。そして、それに8を足した数ということで、面積が8の長方形を正方形の横に並べます。

そして、正方形と長方形を合わせた面積と等しい値になるのが、ある数xを6倍にした$6x$ということで、正方形と長方形を合わせた横長の長方形の横の長さが6ということがわかります。これで、二次方程式

$$x^2 + 8 = 6x$$

を図にすることができました。

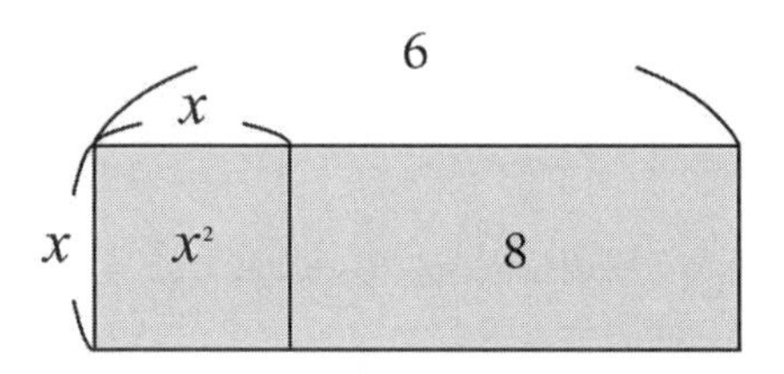

ここから方程式を図形を利用して解いていきましょう。

全体の横長の長方形の半分の長さを考え、そこから大小の正方形、そして同じ面積となる長方形2つを考えていきます。

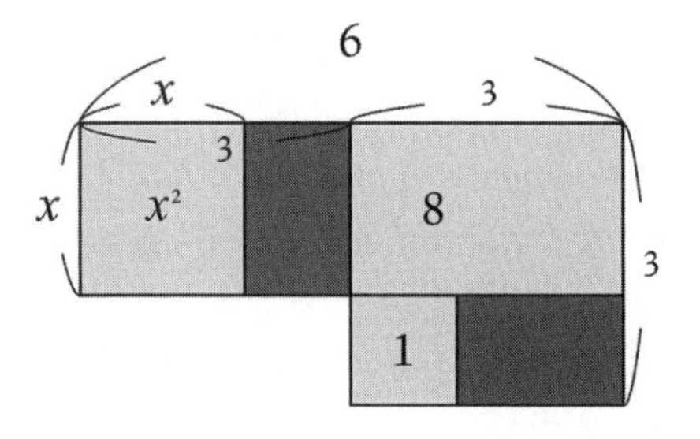

横長の長方形の半分ということで、1辺が3の正方形を描きます。そうすると濃い色の長方形の縦・横の長さは$3-x$とxになり、2つの同じ大きさの長方形を作ることができます。そこから、小さな正方形の面積が1であることがわかり、xの値もつきとめることができるのです。

ただし、この図で導き出せる解は$x=2$と、二次方程式の解の1つしか求めることができません。もう1つの解を導くためには、似たような図で下記のようなケースを描く必要がでてきます。

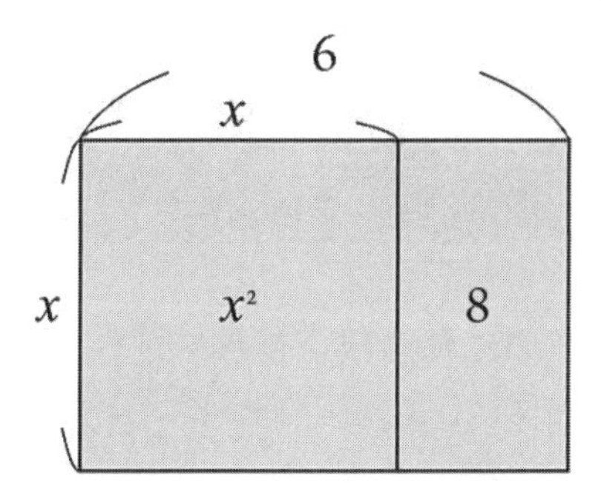

先ほどの図との違いはxの長さを面積8の長方形の横よりも長くとっているということ。同じように6の半分のところに線を引き、正方形を作ることで導くことができます。

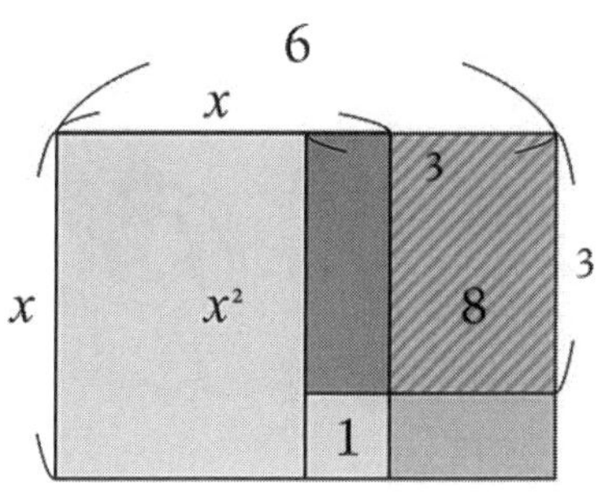

これにより、もう1つの解$x=4$を求めることができました。

Q8

『九章算術』と平方数

「2乗して10になる数」をもとめるには？

「ひとよひとよにひとみごろ」、「ふじさんろくおうむなく」……。この語呂合わせを覚えている人も多いでしょう。$\sqrt{2}$ や $\sqrt{5}$ の値はそれぞれ、1.41421356…、2.2360679…という値で、これは2乗すると「2」と「5」になります。

では、$\sqrt{10}$ はどうなるのでしょうか!?

解答編

ルートの値を求めるとあるテクニック

実は、この問題は$\sqrt{10}$を有理数で表記する（つまり分数や小数で表すと）とだいたいいくつになるか？　そしてその計算方法はどういうやり方があるか？　といった問いなのです。

本題に入る前に言葉の定義をはっきりさせておきましょう。「ルート」と似た意味の言葉に「平方根」というものがあります。ある数aの平方をとった（つまり、2乗した）値をxとすると、

$$x = a \times a$$

という関係式で表すことができます。このとき、「aはxの平方根」であるといいます。ここで注意してほしいのがaの値はxが0のときを除いて、正の数と負の数の2つあるということです。

たとえば$x = 4$ならば、-2と2の2つがxの平方根aとなります。2を正の平方根、-2を負の平方根といいます。そして、2が「$\sqrt{4}$」、-2が「$-\sqrt{4}$」となります。

つまり、「$\sqrt{4}$」といったときには1つの値のことを指しますが、「4の平方根」という場合はマイナスの値とプラスの値を含みます。

ここでは正の平方根つまり「ルート～」に特化して書いていきます。

あてずっぽうで探してみる

さて、それでは本題です。「$\sqrt{10}$」の値を求める方法を紹介していきましょう。パッと思いつくのは、とりあえず適当に数を当てはめていって、それらしい値を求めていくという方法です。

「$\sqrt{10}$」は、「$\sqrt{9}$」より大きく「$\sqrt{16}$」よりも小さい数なので、3から4の間の数ということがわかります。ここでたとえば3.1くらいでは、と考えて3.1を2乗すると9.61となり、10にかなり近い値になります。続いて3.2で考えると10.24となり、先ほどよりも近い値になることがわかります。

10.24は10を超えているので次は3.15で考えると……といったやり方で求めていくと、地道ではありますが小数表記でおよそいくつになるかを求めることができます。

この方法は確実さはありますがあまり賢い方法とはいえません。なにかほかのアプローチはないのでしょうか。

2000年前から使われる由緒ある方法

実は今から紹介するルートの近似値を求める方法は、約2000年ほど前に制作された中国の数学書『九章算術』にすでにその考え方のベースが掲載されていたようです。

この『九章算術』、はじめて聞く方も多いかもしれませんが、かなり幅広い内容を扱った数学書です。余談ですがこの本の注釈本として西暦263年に出された本には円周率が、

「3.14＋64/62500」より大きく「3.14＋169/62500」より小さい

ことが記され、近似値として3.14を使うとよいと言及されています（さらなる余談ですがこの数の小数部分にある「64」「169」「62500」はそれぞれ「8」「13」「250」の平方の値であり、なにかここにもルートの話が関係している可能性はあるかもしれません）。

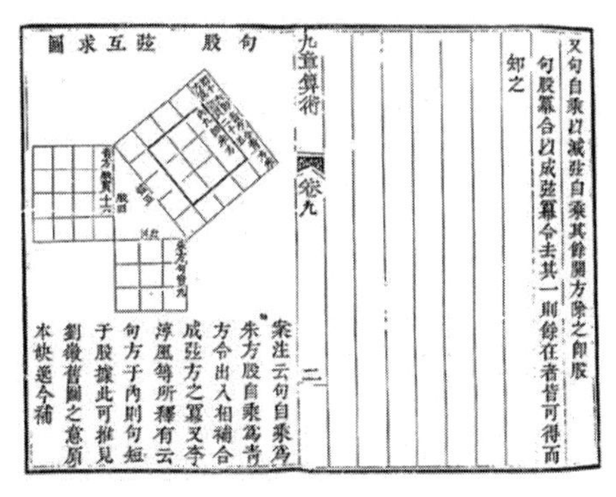
又句自乘以減弦自乘其餘開方除之即股
句股冪合以成弦冪令去其一則餘在者皆可得而
知之

九章算術　卷九　二

句股弦互求圖

案注云句自乘為朱方股自乘為青方令出入相補合成弦方之冪又李淳風等所釋有云句方于內則句短于股據此可推見劉徽舊圖之意原本佚逸今補

九章算術の内容の一例

そんな『九章算術』では、以下のような考え方でルートの値を近似する方法が記してあります。

$$(a+b)(a+b) = aa + 2ab + bb = aa + b(2a+b)$$

求めたい値を$a+b$に分け、右辺のような式変形をもとに値を求めていく方法です。

実際に値を入れてみるとイメージが湧くかと思いますので、やってみましょう。

ルート10の場合、$a=3$として、bの値を求めていきます。

$$10=(3+b)(3+b)=3\times 3+b(2\times 3+b)$$
$$\downarrow$$
$$10-3\times 3=b(2\times 3+b)$$

つまり、$b(2\times 3+b)$が1になるわけですが、ここでbの近似値を求めるちょっとしたテクニックがあります。

まず、1を2×3で割って0.16666…となります。この値を2×3に足し合わせた値で、再び1を割ります。すると、1÷6.16666…となり、この値は0.162162162…となります。

1を2×3で割った値をb'として式で表すと、

$$b'=1\div(2\times 3)$$

$$b\fallingdotseq 1\div(2\times 3+b')$$

と計算していることになります。

実際の$\sqrt{10}$の値は「3.16227766…」という値なので、先ほどの操作で求められた近似値、つまり

$$\sqrt{10}\fallingdotseq a+b=3.162162\cdots$$

は小数第3位まで正確に求めることができたのです。ちなみにこれは分数で表すとより全体像がみえてきます。

$$\sqrt{10}\fallingdotseq 3+1/(2\times 3)$$

という初期段階から、$1/(2\times 3)$の代わりに
$1\div\{2\times 3+1/(2\times 3)\}$　を置くと、

$$\sqrt{10} \fallingdotseq 3 + 1 \div (6 + 1/6) = 3 + 6/37$$

と近似されます。繰り返していくと、3よりあとの分数が徐々により$\sqrt{10}$の小数部分に近い分数になっていく、ということです。

はじめに紹介した、とりあえず当てはめていく方法も実用的ではありますが、こちらの方法でも慣れてくると比較的簡単に求めることができます。分数表記だけで終えるなら、暗算でもできるかもしれません。

分数表記というけれど……の連分数表記

実は、ルートの分数表記は他にもあります。その名も「連分数表記」です。第1章のコラムでも紹介したので参照してください。ここでは、その表記方法に向けて式を変形していきます。

$\sqrt{10}$は前のページで約3.16…であることがわかりましたので、整数部分の3を$\sqrt{10}$から引いた形

$$\sqrt{10} - 3$$

は、小数部分のみとなります。そして、この式を有理化の逆の手順をとっていきます。つまり、

$$\begin{aligned}\sqrt{10} - 3 &= (\sqrt{10} - 3)/1 \\ &= (\sqrt{10} - 3)(\sqrt{10} + 3)/(\sqrt{10} + 3) \\ &= (10 - 9)/(\sqrt{10} + 3) \\ &= 1/(\sqrt{10} + 3)\end{aligned}$$

ここで、$\sqrt{10}+3$の部分をさらに式変形していきます。その方法とは、前ページの式の両辺に6を加えることで左辺に$\sqrt{10}+3$を作るというもの。つまり

$$6+\sqrt{10}-3=6+1/(\sqrt{10}+3)$$

$$\sqrt{10}+3=6+1/(\sqrt{10}+3)$$

となります。すると、右辺の分母の「$\sqrt{10}+3$」に上記式を代入することができて、

$$3+\sqrt{10}=6+\frac{1}{3+\sqrt{10}}=6+\cfrac{1}{6+\cfrac{1}{3+\sqrt{10}}}$$

となります。すると……なんと、右辺の分数部分にまた「$\sqrt{10}+3$」が出現します。さあ、これはどうなっていくのか。そう、さらにここに「$\sqrt{10}+3$」を代入すればよいのです。そして代入すると再び「$\sqrt{10}+3$」が現れます。

$$3+\sqrt{10}=6+\cfrac{1}{6+\cfrac{1}{6+\cfrac{1}{6+\cfrac{1}{\cdots}}}}$$

ここまで変換すると気づく人も多いでしょう。この変形方法、いつまでも続けることができて、

$$\sqrt{10} = 3 + \cfrac{1}{6 + \cfrac{1}{6 + \cfrac{1}{6 + \cfrac{1}{\cdots}}}}$$

と表記することができます。分数が連なっている、ということで、「連分数表記」になります。

ちなみにこの連分数表記の一部分だけを切り取って、$\sqrt{10}$の近似値を求めることも可能です。分母に含まれる2つ目の分数を1/6として考えると、

$$3 + 1/(6 + 1/6) = 3 + 6/37$$

となるわけです（これはどこかで見たことのある形ですね）。つまり、この連分数表記の変形さえできれば、ルートの近似値を求めることもできるのです。

連分数は見た目が複雑なので敬遠されがちですが、意外と式変形の方法はシンプルなので覚えておいてもよいかもしれません。

無限多重根号

最後に余談ですが、ルートを有理数表記することを目指した連分数表記とは逆に、有理数をルート表記する「無限多重根号」というものもあります。これは、いままで説明してきた逆の方法で有理数をルート表記にすることで、たとえば

$$10 = \sqrt{90 + \sqrt{90 + \sqrt{90 + \sqrt{90 + \cdots}}}}$$

という式を作ることができます。これも見た目によらず、作ることは比較的簡単なので、ぜひ挑戦してみてください。

Q9

ナイトツアー問題

　チェスのナイトは、まっすぐ2マス先から左右に1マスずれたところに動かすことができます。また、八方にほかの駒がある場合も飛び越えて進むことができます。
　さて、このナイトは、少し先まで移動することは得意のように見えますが、逆に1つ隣のマスに動くことはできるのでしょうか。動けるとしたら、何手で動くことができるのでしょうか。

解答編

チェスは8×8マスの盤面を使って6種類16個ずつの駒を2人のプレイヤーが扱い、相手のキングを自身の駒から逃れられない状態にできたら勝利、というもの。それぞれの駒が異なる動きをすることができ、非常に幅広い戦略性が求められます。

この問題は、「ナイトツアー問題」と呼ばれる、ナイトの駒を活用したパズルを変形したものです。ナイトは、この変則的な動きにより実際のチェスにおいても重宝する駒の1つです。

ナイトは、最短3手で隣のマスに移動することが可能なのです。

1つ隣に動くことができるということは、手数を無視すれば任意のマスに動くことができるということがわかります。つまり8×8の盤面すべてのマスに移動することができるわけです。

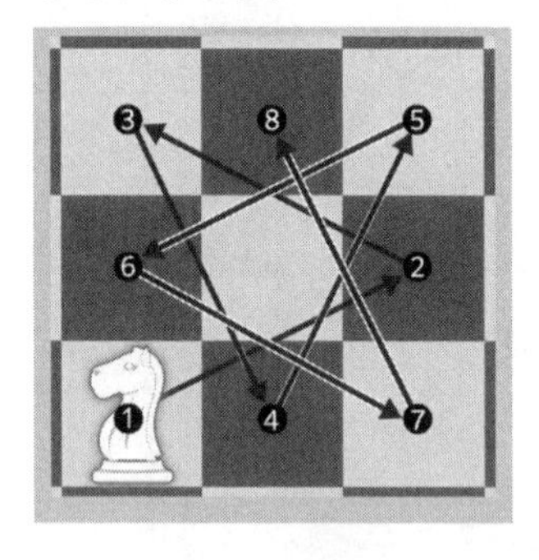

ナイトツアー問題では、ここに「1回通ったマスは再び通らずに」という条件が加わります。たとえば3×3マスでは真ん中を除き、左のように移動することが可能です。

真ん中のマスはどうやっても移動することができませんが、実際の盤面は8×8マス。

では、8×8マス（実際のチェス盤）上で、すべてのマスをナイトが移動することはできるのでしょうか？

解法はこちら。

1	48	31	50	33	16	63	18
30	51	46	3	62	19	14	35
47	2	49	32	15	34	17	64
52	29	4	45	20	61	36	13
5	44	25	56	9	40	21	60
28	53	8	41	24	57	12	37
43	6	55	26	39	10	59	22
54	27	42	7	58	23	38	11

この解法以外にもいくつかの解法がありますが、ここで紹介した方法は数学者オイラーが見つけた解法だといわれています。この問題は9世紀ごろまでさかのることができる、古くからある数学パズルの1つです。

現代ではコンピュータを活用した解決の探索も行われる、歴史がありながら、今なお数学者になじみのある問題となっています。

発展編　エイトクイーン問題に挑戦

「エイトクイーン問題」と呼ばれる、クイーンの駒を使った問題があります。こちらの問題は歴史としては浅く、1848年にチェスプレイヤーたちによって提案されました。数学者ガウスもこの問題に取り組んだとされています。

クイーンは上下左右だけでなく、斜め四方にも移動することが可能です。かなり遠くに一度に移動することもでき、その性能の高さからもキングを除きクイーンだけは複数存在せず、1色につき1つしかありません。

さて、そんなクイーンを使ったエイトクイーン問題は、その名前の通り、8つのクイーンを盤面に並べ、お互いが1回の行動でお互いの駒に取られない位置に置く置き方について考える問題です。

たとえば、4×4マスの場合、クイーンを盤面に並べ、お互いが1回の行動でお互いの駒にぶつからない位置に配置した場合、クイーンは何個置くことができるでしょうか？

正解は、以下のように4つ置くことが可能です。

では、本来のチェス盤で考えましょう。8つ置く方法は直感的ではないですが、ナイトツアー問題同様自力で解いてみたい方は、答えを見る前にどうぞ。

解答例は以下です。

8つとなるとかなり複雑

な配置となりますが、5×5マスなどは鏡像を除くと2種類しかなく、その答えも非常にわかりやすい形ですので、ぜひ取り組んでみてください。

この問題を応用して、将棋でも同様の問題を作ることが可能です。クイーンと同じ動きをする駒はないのと、盤面が9×9マスと少し異なるためまた状況が異なってきますが、試すうえでおススメなのが角行です。

コラム　シンプソンのパラドックス

平均値・中央値・標準偏差

物事や事象を観測し分析を行うとき、そのデータの傾向やパターン、変化などを調べることになります。しかし、「気象データ」「アンケート結果」「選挙予測のデータ」など、データの種類によってその分析の方法や、導き出せることなどはまったく異なります。

「平均」をとるメリットとデメリット

データを扱うときによく出てくる手法は「平均」です。この平均、少し掘り下げてみるといろいろとおもしろい話があります。平均について初めに学んだときには、以下のように説明されたと思います。

卵が5つあります。それぞれの重さが59 g、61 g、58 g、62 g、60 gであるとき、5つの重さの平均は？

$$(59+61+58+62+60) \div 5 = 60$$

となります。

「テストの平均点」「1日の平均気温」「平均年収」など、普段耳にする言葉でこの「平均」というデータのとり方をしているものはたくさんあります。

テストの平均点は、

全員のテストの点数の合計÷人数

で算出され、平均年収は、

「所得控除前の年収の総額÷給与所得者数」

で算出されます。

なお、平均気温に関しては24時間のなかで1時間おきの気温のデータをもとに平均を算出しており、24時間の1分1秒のすべてのデータを活用しているわけではありません。

また、平均という言葉は使われていませんが、降水量などのデータも平均に直すことができます。たとえば「10分間降水量」や「1時間降水量」は、そのデータをそれぞれ10分、60分で割れば、1分あたりの平均降水量を算出することができます。

このように、身近なデータの傾向をつかむためには「平均」がよく使われますが、この平均は注意して考えたほうがよいこともあります。その例をここで紹介していきます。

たとえば学校Aと学校Bに、それぞれ理系クラスと文系クラスがあり、同じ数学のテストを実施したとします。それぞれのクラスの平均点は次の表のようになりました。

理系クラス同士、文系クラス同士の平均点を比較してもらうと、どちらも学校Bのほうが5点ずつ成績がよいことがわかります。

ですが、全体の平均点をとると、また違った結果が見えてきます。

数学のテストの平均点

	学校A	学校B
理系クラス	75	80
文系クラス	55	60
全体	69	64

全体の平均点をとると学校Aは69点、学校Bは64点と、学校Aが逆に5点高くなるのです。

いったいなぜこんなことが起こるのでしょうか？実は、この逆転の原因はクラスの人数の違いにあります。学校Aでは理系クラスが70人、文系クラスが30人、学校Bでは理系クラスが20人、文系クラスが80人だったのです。

この現象は「シンプソンのパラドックス」と呼ばれ、データを扱う際には気を付けておくべき1つの現象です。1951年に統計学者のE. H. シンプソンによって提唱されました。

もちろんこのような現象が起きることはあまりないのですが、データを見るときはさまざまな視点が必要になってきます。

「中央値」「標準偏差」という見方

「平均」と似たようなデータの捉え方に「中央値」や「標準偏差」というものがあります。これらの言葉をメディアで耳にする機会はまれですが、データをより多角的に観察することができます。
「中央値」はその名前のとおり、「X人のテストの点数をみたとき、ちょうど真ん中の順位の人の点数」のように「ちょうど中央の順位である値」のことです。たとえば5人のテストの点数が100点、95点、90点、85点、30点、の場合、平均点は

$$(100+95+90+85+30)\div 5=80$$

となりますが、中央値は90点です。
「平均をとると80点だけど、中央値をとると90点」というこの2つの値を知ることでそのデータの分布が想像しやすくなります。
「標準偏差」も用いると、さらに全体像が見えてきます。細かい定義はここでは省略しますが、標準偏差とは簡単にいうとデータのばらつき具合のことです。テストでいうと平均点が60点で、みんな60点前後の場合、標準偏差の値は小さくなります。一方で、点数のばらつきが大きく20点の人や100点の人も多く混じっていて平均点が60点となっている場合は標準偏差の値は大きくなります。

標準偏差の値が小さい分布の例

	Aさん	Bさん	Cさん	Dさん	Eさん	Fさん	Gさん
点数	61	65	50	62	58	60	64

標準偏差の値が大きい分布の例

	Aさん	Bさん	Cさん	Dさん	Eさん	Fさん	Gさん
点数	89	20	53	64	58	100	36

もちろん平均という指標自体に問題があるというわけではなく、データの種類によってはそれだけで十分なこともあります。ですが、場合によっては他の指標も必要になってくる、というわけです。

あとがき

　大学生のころから、日々生活しているなかでアンテナを張り、「身のまわりのどこに数学的な話題があるか」や、「知るだけでワクワクする算数・数学のパズルのような問題」を探しながら生きてきました。小さい発見も含めると、本当にたくさんの数学的な話題を日常のなかで見つけてきています。本書は、そういった筆者が実際に経験してきた「感動」を追体験できるような、そんな内容をまとめました。

　筆者は現在、算数や数学の楽しさを伝える株式会社math channelという会社を経営しています。math channelでは主に2つの軸での事業を行っており、教育×算数・数学、そしてエンタメ×算数・数学という切り口で算数や数学の楽しさを届けています。既存の授業のような枠で算数や数学にふれることは大切であり、筆者もそういった機会を作ると同時に、授業という時間以外にもこの楽しさにふれられる機会が増えていくことを目指しているのがエンタメ×算数・数学という事業です。

「まえがき」にも書きましたが、「算数・数学を1分でも長く、そして楽しく学べる機会を増やす」という想いで活動をしています。そのためには、これまで算数や数学の話題が出てこなかった場面でも算数や数学について盛り上がれるようなきっかけを作ることが必要だと感じてます。この本を読んでいただいたこと自体がこの想いが叶ったことにもなっていますが、ぜひ、この本のなかで何かおもしろいと思った話題があれば、誰かに伝えていただきたいと考えています。

算数・数学への感動の追体験を、より多くの方に届けられるようこれからも活動を続けていきます。書籍や講座など、またどこかでお会いできることを楽しみにしています。

2022年12月

N.D.C.410　268p　18cm

ブルーバックス　B-2222

はまると深い！　数学クイズ
直感力・思考力を磨く

2023年1月20日　第1刷発行
2023年8月7日　第2刷発行

著者　横山明日希
発行者　髙橋明男
発行所　株式会社講談社
〒112-8001 東京都文京区音羽2-12-21
電話　出版　03-5395-3524
販売　03-5395-4415
業務　03-5395-3615
印刷所　(本文印刷) 株式会社ＫＰＳプロダクツ
(カバー表紙印刷) 信毎書籍印刷株式会社
製本所　株式会社国宝社

ISBN978−4−06−530730−4

発刊のことば

科学をあなたのポケットに

二十世紀最大の特色は、それが科学時代であるということです。科学は日に日に進歩を続け、止まるところを知りません。ひと昔前の夢物語もどんどん現実化しており、今やわれわれの生活のすべてが、科学によってゆり動かされているといっても過言ではないでしょう。

そのような背景を考えれば、学者や学生はもちろん、産業人も、セールスマンも、ジャーナリストも、家庭の主婦も、みんなが科学を知らなければ、時代の流れに逆らうことになるでしょう。

ブルーバックス発刊の意義と必然性はそこにあります。このシリーズは、読む人に科学的に物を考える習慣と、科学的に物を見る目を養っていただくことを最大の目標にしています。そのためには、単に原理や法則の解説に終始するのではなくて、政治や経済など、社会科学や人文科学にも関連させて、広い視野から問題を追究していきます。科学はむずかしいという先入観を改める表現と構成、それも類書にないブルーバックスの特色であると信じます。

一九六三年九月　　野間省一

ブルーバックス　パズル・クイズ関係書